中国建筑西北设计研究院建筑作品集 1952—2022

China Northwest Architecture Design and Research Institute Architectural Portfolio 1952-2022

中国建筑西北设计研究院 编著

天津大学出版社
TIANJIN UNIVERSITY PRESS

图书在版编目（CIP）数据

中国建筑西北设计研究院建筑作品集 ：1952—2022 /
中国建筑西北设计研究院编著 . -- 天津 ：天津大学出版
社，2022.5
　ISBN 978-7-5618-7163-8

　Ⅰ．①中… Ⅱ．①中… Ⅲ．①建筑设计—作品集—中
国—现代 Ⅳ．① TU206

　中国版本图书馆 CIP 数据核字（2022）第 070002 号

策划编辑：金　磊　韩振平工作室
责任编辑：朱玉红
装帧设计：朱有恒
封面设计：黄　爱

出版发行　天津大学出版社
地　　址　天津市卫津路92号天津大学内（邮编：300072）
电　　话　发行部：022-27403647
网　　址　www.tjupress.com.cn
印　　刷　北京华联印刷有限公司
经　　销　全国各地新华书店
开　　本　250mm×250mm
印　　张　46$\frac{2}{3}$
字　　数　630千
版　　次　2022年5月第1版
印　　次　2022年5月第1次
定　　价　298.00元

谨以此书献给七十年来探索新中国建筑创作之路的实践者、见证者

《中国建筑西北设计研究院建筑作品集 1952—2022》编辑委员会

序

　　70 多年前，中华人民共和国成立伊始，百业待兴，大量国内各行各业的优秀专业技术人员会聚古都长安，拉开了建设大西北的序幕。1952 年 6 月 1 日，建筑工程设计行业的翘楚组建了中国建筑西北设计研究院有限公司（简称"中建西北院"或"西北院"）的前身——西北建筑设计公司（亦称"西北行政委员会建筑工程局设计公司"）。这是中华人民共和国成立初期全国六大区设计院之一，也是西北地区组建最早、技术实力最强、规模最大、享有盛誉的大型建筑设计机构，成为我国社会主义工业化和城镇化历史进程中建筑队伍的一支有生力量。

　　工业建设、城乡建设与国计民生息息相关，亦从一个视角映刻出国家的成长、社会的变迁、技术的发展、文化的印迹和生活的进步。而凝聚匠心和创新的规划、建筑设计，更对延续历史文化、推动城乡高质量发展、坚定文化自信、建设社会主义文化强国具有重要意义。70 年来，在党和政府的领导与关怀下，受教于社会各界专家、学者和同行的指导与支持，中建西北院几代人在城乡建设中始终秉持对中华历史文化的创新传承，着力将规划和建筑设计扎根在城乡文化的沃土之中，坚持"人民城市人民建、人民城市为人民"的理念，尊重城乡山水环境，着眼城乡历史文化格局，从国家、社会、民族、历史的意义上进行创作，在全国各地完成了大量优秀的设计作品，其中不少项目成为所在城市、区域的新地标。

　　迈入新时代，中建西北院不忘初心、牢记使命、砥砺前行、继续奋斗，持续坚守"中华建筑文化的传承、弘扬与创新"之路，做中华建筑文化坚定的捍卫者、传承者和创新者；以"拓展幸福空间"为使命，做城市发展新理念的引领者、城市发展新模式的践行者；用多元并存、包容并蓄的理念与心态，尊重历史、传承历史、书写历史；以扎实的理论知识和丰富的技术积淀，严格执行国家建设方针和建设标准，精心设计，诚信服务，高起点、高水平、高标准地投入实现中华民族伟大复兴的大潮中，为国家尤其是城乡建设事业贡献更大的力量，创作出一批源于人民、植于土地、属于新时代的建筑作品。

张锦秋

中国工程院院士、全国工程勘察设计大师

2022 年 4 月

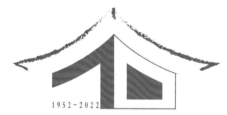

1952-2022

中國建築西北設計研究院有限公司
CHINA NORTHWEST ARCHITECTURAL DESIGN AND RESEARCH INSTITUTE CO.,LTD

辉煌七十载 奋斗赢未来

篇一

实践中求索——70载建筑创作之路

风雨七十载　漫漫探索路

A 70-YEAR JOURNEY OF EXPLORATION

中国建筑西北设计研究院有限公司的前身成立于 1952 年，筚路蓝缕，风雨兼程，至今已走过 70 年。70 年前，中华人民共和国成立初期，六大区建设百废待兴，西北院在各方支援下宣告成立，随后上海华东建筑设计研究院两个所分两批整建制并入西北院。西北院是当时建设部所属六大设计院之一，也是西北成立最早、规模最大、水平最高的民用建筑设计院，从此西北院几经风雨，几度春秋，乘风破浪，奋勇拼搏了 70 年，为国家和西安的建设树立起一座又一座丰碑。

三个时期

峥嵘岁月（1952—1978 年）

中华人民共和国成立初期，古老的西安又一次焕发了青春，成为一片建设的热土，吸引了如董大酉、洪青这样知名的建筑师来到曾经辉煌的古都从事设计工作。随着全国政治形势的稳定和社会主义建设高潮的到来，我国第一个五年计划期间苏联对新中国工业领域援建的 156 个落地实施的项目中陕西有 24 个，其中西安占 17 个，是承担全国该批项目数量最多的城市。一批著名建筑师纷纷在西安从事创作，作为国家骨干六大区设计机构之一的西北院应运而生。

西北院老一辈建筑师大部分接受过欧美教育，在新的体制中，他们破除旧有观念的影响，适应新形势，积极改造世界观，在火热的建设中华人民共和国的热潮中改进自我，迸发出前所未有的激情。西北院一批具有代表性的作品就是在这一时期创作完成的。20 世纪 50 年代是西北院创作

的一个高峰期，即使从今天的角度来看，这些建筑仍是精品。中西合璧风格的人民大厦是这一时期的代表，在 20 世纪六七十年代艰苦的条件下，也产生了钟楼邮局等经典作品。

另一方面，这一时期建筑师的建筑创作也受到政治运动的影响。这一时期除必要的会堂、办公建筑和宾馆外，大部分是工业建筑，这使现代主义风格在工业厂房中得以延续。随后开始的"文革"则使建筑创作几乎陷于停滞。

无论时代风云如何变化，20 世纪 50 年代都是值得留恋的火红年代，西北院一系列重要作品也在此时期诞生，广大设计师以建设中华人民共和国为己任，以寻找中国的建筑风格为目标进行了艰难探索，积累了丰富经验。这一时期西北院的人才梯队、质量保障体系、各项规章制度也建立起来，西北院从而成为中国建筑设计领域一支重要的力量。

西安人民剧院

西安市委礼堂

改革浪潮（1979—1999 年）

1976 年的一声春雷，结束了"文革"，随后开展的拨乱反正等工

作让建筑设计重新走向正轨，建筑师的创作热情被重新点燃。1978年改革的春风让建筑师精神焕发，随后开始的事业单位企业化管理的改革打破"大锅饭"，也在经济上调动了广大建筑师的积极性。

20世纪80年代是西北院历史上的另一创作高峰期，将现代与传统结合的陕西历史博物馆、三唐工程、北京国家图书馆，以符号表现地域特色的陕西省人民政府办公楼、西安火车站，还有一大批外资酒店的设计，如西安建国饭店、古都大酒店、喜来登大酒店，都是西北院的杰出作品，西北院的建筑创作空前繁荣。

风云际会（2000—2022年）

2001年，中国加入世界贸易组织（WTO）后经济迅猛发展，从2000年到2020年中国国内生产总值（GDP）增长了约10倍，有些城市的GDP甚至增加了30倍，中国经济总量稳坐世界第二的位置。WTO的规则不断倒逼我国要素市场进行改革，各行各业面临全面的市场化。随着奥运会、世博会、世园会的成功举行，建筑师更加全面地接受国际上各种思潮，拥抱世界。这一时期也是东西方融合最紧密的时期。在此阶段，西北院也打破固有模式，成立了一系列建筑工作室，为西北院的改革发展、繁荣创作注入了新的活力。

2000年以来，以房地产和互联网为引擎，城市建筑得以迅猛发展，城市骨架进一步拉大，城市迅速膨胀和增高。但搞新区、摊大饼的土地财政模式，让城区的扩张早已超越了自身的发展阶段。如今，城市建设到了精细化发展阶段，设计院也面临新的改革。

建筑是政治、经济、文化的产物，每一座建筑无不折射出时代的特点。70年间中国发生了巨变，人们的观念也随着社会的巨大变革而改变。设计院从松散的个体到国企，从作坊到现代企业，从事业单位到企业，从集中计划的体制到分散市场的机制，从综合到专业，从团队到个人工作室，从针管笔手工制图到全面实行计算机辅助设计，都在不断变化、变革。

1984年，西北院经过事业单位企业化管理后设计收入仅240多万元，随后逐年增加，2000年实收过亿元，到2020年西北院中一个生产机构的实收产值就过亿元。但伴随着收入的提高，设计师的地位却不断下降，劳动强度不断增加，创作的激情也不断下降，这也是存在于设计企业中的一种普遍现象。合久必分，分久必合，分分合合，不断探索。不同时期，我们都努力寻找符合建筑设计企业现代化治理的路子，找到设计院服务社会的新途径。

五代设计师

西北院第一代建筑师董大酉生于1899年，卒于1973年，早年留学美国。他曾制订了"大上海发展计划"，并付诸实践。他设计了中国最早的体育场——江湾体育场，还设计了原上海市政府办公楼及图书馆、博物馆等著名建筑。他是中国建筑学会原理事长，也是

董大酉

最早提出创造中国固有建筑的人士之一。虽然他在西安时间短暂，但还是留下了西安市委礼堂和西安四军医大内科楼等作品。他在设计领域是将中国传统建筑形式与现代功能相结合的先驱。

以洪青为代表的西北院第二代建筑师还包括黄克武、郑贤荣等人。洪青早年留学法国、比利时，后曾在上海和苏州从事设计和教学工作。受

邀设计人民大厦后，这片具有历史文化的热土吸引他留在古都长安。酷爱唐诗和历史文化的洪青在西安找到了自己创作的舞台，他的一系列具有装饰特色和雕塑感的建筑作品深受业内外人士喜爱。洪青在20世纪五六十年代为西安留下了令人印象深刻的作品。"文革"十年耽误了他的创作生涯，1976年，他曾代表西北院参与毛主席纪念堂设计。洪青

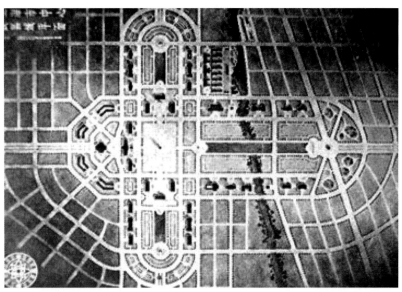

上海市中心区域平面图

上海市图书馆（董大西手稿）

1949年前的上海市政府办公楼

洪青

洪青与杨家闻、张锦秋在北京工作的合影

人民大厦设计完成后工作人员合影

洪青设计手稿

英年早逝，卒于 1979 年。

第三代建筑师生在 1949 年以前，成长在新中国，国学功底扎实，但走向工作岗位时遇到特殊时期，许多人的才华被埋没，真正成为设计主力是在改革开放后，他们努力挽回失去的十年，珍惜现有的创作机会，创作生命一直延续到今天。这一群体以张锦秋院士为代表，还有张钦楠、教锦章、刘绍周等，他们自觉探索地域文化和城市特色，掀起了西安建筑创作的另一个高潮，创造了建筑领域的长安学派。

第四代建筑师生在红旗下，长在红旗下，大多出生在 20 世纪 60 年代前后。由于众所周知的原因，这一代建筑师的传统文化基础并不牢固，改革开放后他们相继走入大学，吸收了大量来自西方的建筑文化，并怀有崇高的理想从事着建筑规划设计工作，在中国迅猛发展的 40 年，度过了黄金 30 年。这一代建筑师心有梦想、吃苦耐劳、坚韧执着，目前相继进入退休年龄。

第五代建筑师大多出生于 20 世纪七八十年代，他们大多为独生子女，享受着改革开放的红利，接受了完整的教育。他们于世纪之交开始工作，经历了新世纪中国建设的 20 年，是目前西北院的主力。这一代建筑师的代表还包括"90 后"，他们沐浴在改革的春风里，恰逢中国经济迅猛发展、建筑业空前繁荣的新时代。他们如今已三十而立，是信息时代互联网的宠儿。如今面临着城市建设转型，他们是艰难探索未来的一代年轻建筑师。

70 年对一个设计院来说是漫长的，但在历史的长河中是短暂的。在中华人民共和国成立初期，中国建筑师就充分感受到中国人民站起来的自豪，享受着报效祖国、尽情创作的快乐，这一时期的建筑作品以新古典主义风格为主，中西合璧。同时他们也历经磨难，才华被压制，一批建筑师在最年富力强的时候失去了黄金 10 年。

改革开放后，建筑师在思想上得到第二次解放，他们努力创作，在祖国大地上创造了一批代表中国核心价值的作品，其中以国家图书馆和中国矿院为代表，展现了西北院的创作水准，这也代表了当时中国建筑行业的最高水平。

以张锦秋为代表的第三代建筑师，承上启下，在西安这片沃土上努力探寻和谐建筑理念，把中国传统建筑文化与现代技术有机结合，创造了新的范式，为中国新建筑开辟了新的道路，也把中国固有建筑的现代表现推向一个新的高度，为此她也获得何梁何利最高成就奖，紫金山天文台将国

张锦秋

际编号为 210232 的小行星命名为"张锦秋星"。

西北院几代建筑师和设计师的探索、拼搏，铸就了一个企业的文化和灵魂。

创作作品

20 世纪 50 年代西安群星荟萃，这也是西安城市建筑从"废都"到现代化新都市的黄金时代。这一时期西北院设计的大学校园、工厂基地、办公建筑、商业酒店等都已成为西安的经典，比如西安市委礼堂、四军医大内科楼、人民剧院、人民大厦、西安交大和一些工业建筑等在全国有影响的建筑，这些建筑大多成为西安近现代保护建筑，是西安市的宝贵遗产，其中人民剧院项目入选《弗莱彻建筑史》。西安有 17 个项目被列为 20 世纪建筑遗产，西北院设计的项目占了 13 项。第一届中国建筑学会十几位理事中西北院就占了 2 位，分别是董大酉和洪青，这些足见西北院当时在

陕西省政府统建楼　　　　　　西安火车站

西安邮电大楼

行业的地位。

西安邮电大楼是 20 世纪 60 年代西安少有的现代建筑，其新古典的气质与钟楼尺度相宜，和谐共生。

陕西省政府统建楼和西安火车站也是西安现代建筑地域化的力作，引领了一代建筑风貌，代表了城市年轮。

北京国家图书馆是西北院参加的国家重点工程，充分表明了当时西北院在全国建筑设计行业中的实力，同时促进了西北院在图书馆设计领域的发展，主编了图书馆设计规范。北京国家图书馆的造型风格也成为西安 20 世纪八九十年代新建筑的范本，被评为 20 世纪 80 年代首都十大建筑之首。

位于徐州的中国矿院是改革开放后建设的完整校区。整个校区规划尊重原有的地形环境，完整保留了 2 个山地，建筑风格简约现代，充分体现了现代主义原则，以现代的眼光来看它仍是一个精品，目前它已是徐州市的近现代保护建筑。随后设计的山西财经学院主楼，展示了西北院在高校建筑设计领域的水平。

以陕西历史博物馆和三唐工程为代表的新唐风建筑创作，标志着西安建筑师寻找自我创作道路的尝试，这些建筑也是西北院建筑创作赢得全国

认可的标志建筑。

以西安建国饭店、古都大酒店、唐乐宫、喜来登大酒店为代表的旅游外资酒店为古都带来了现代气息和别样感觉，是全国酒店设计的范例。

以钟鼓楼广场为代表的老城更新项目，是西北院在西安的重要城市设计作品，也是在全国范围内城市设计的重要实践，具有广泛影响。之后西北院完成的南门广场整体提升工程、西安火车站改扩建工程都是西安老城城市复兴的典范。

黄帝陵祭祀大殿建筑创作是中国传统建筑现代化的新尝试，也是"山水形胜，大象无形"纪念建筑的新实践，在创新和继承方面跨越了一大步。之后西北院设计的长安塔也赢得国际上的广泛赞誉。长安塔与其他标志建筑完成了一次东西方文化的世纪对话。

大唐芙蓉园是重塑西安城市精神和文化的一次重要探索，在原曲江遗址上演绎盛唐文化，给人一种走进历史、体验唐朝的穿越感。大唐芙蓉园是全国此类创作中具有影响力的作品，增加了西安文化历史的厚重感。

其他的文化建筑如延安革命纪念馆、延安大剧院、中国大运河博物馆、贾平凹文化艺术馆等都是这一时期西北院作品的重要代表，反映了地域特色和时代精神。

北大光华学院、中国延安干部学院、西北工业大学新校区、西安交通大学主楼、西北大学南校区，都是这一时期学校建筑的主要代表。

中央礼品文物管理中心是西北院在北京落地的又一原创作品。该项目充分尊重现有历史环境，以新古典主义的设计手法延续了共和国初期的建筑风貌，同时表达了泱泱大国以利天下的大国风范。

长安系列工程是全运会的重要配套工程，也是具有国际视野的文化建筑群，表现了西北院在大型非线性建筑方面的设计能力。全运会新城在西安首次引入总规划师制度，是西北院在建设体制方面新的尝试，这一城市设计也入选自然资源部首批国土空间规划优秀实践案例。

以迈科中心为代表的超高层建筑结合城市地形，采用复杂的钢结构。两栋塔楼高低错落，一气呵成，在百米高空形成城市景观平台，新颖别致，颇具现代气息。

西北院设计的华为西安研发中心、西安软件园是产业园区设计的典范。

黄帝陵祭祀大殿

大唐芙蓉园

西安新机场是西北院重要的交通建筑创作，从 T1 航站楼到 T5 航站楼是西北院几代建筑师辛勤耕耘的结果。该设计从最初的钢筋混凝土一层半式的简单构型，到 T5 航站楼双层进站立体全钢结构的全新四型机场，展现了 40 多年城市的进步和建筑的发展。

70 年来，中建西北院几代建筑师设计了众多全国知名的建筑，其中西安人民剧院、北京国家图书馆、唐华宾馆和陕西历史博物馆入选《弗莱彻建筑史》。从人民大厦、陕西历史博物馆、黄帝陵祭祀大殿到长安塔、开封博物馆和规划馆、西安市行政中心可以看到，在西北院的建筑创作中中国传统文化与现代技术相结合的这一条清晰的主线，几代建筑师努力探索现代建筑地域化的多种模式。

主要贡献

纵观西北院 70 年的发展历程、作品与建筑师，我们可以发现以下明显的特点。

1. 以中国传统文化的复兴为己任的担当精神和探索精神

西安是一个历史古都，这里的文化深深吸引着几代建筑师，"为天地立心，为生民立命，为往圣继绝学，为万世开太平"深深地融入几代设计师的血液中。董大酉这位最早提出中国固有建筑文化的中国第一代建筑师在规划陕西体育馆时利用了原有的地形地貌，并使体育场的主轴与小雁塔取得关系。时隔近半个世纪，当规划陕西文化体育科技中心时，张锦秋院士同样强调这一轴线，随后规划小雁塔文化街区时这一轴线再

一次得到强调。文化传承，生生不息。

从西安市委礼堂到建工总局大楼，从陕西历史博物馆到大唐芙蓉园，西北院始终以城市和自然历史为基础，为西安奉献了不同时代的经典建筑，为这个城市的特色和精神塑造奠定了基调。20 世纪 50 年代建设的人民大厦、人民剧院，改革开放后建设的省政府办公楼、火车站、陕西历史博物馆，以及进入 21 世纪建设的长安塔、长安云、长安乐都反映出这种可贵的探索精神。在延安，从延安宾馆到陕甘宁边区政府纪念馆，从延安革命纪念馆到延安大剧院，西北院也努力塑造延安的风貌。中国大运河博物馆、中央礼品博物馆也充分体现出历史文化和大国风范。

2. 以城市文化和空间为基础，始终坚持大建筑理念

建筑创作的基本目的在于连接——连接自然、历史和不同的空间。建筑创作很少是孤立的，特别是在古都西安，是在城市中建设城市，在曾经辉煌的土地上再创辉煌。钟鼓楼广场工程是一项复杂的地上和地下工程，也是一项连接工程，晨钟暮鼓，历史与未来在时间和空间上双向延伸。唐大明宫丹凤门建起现在和过去的联系；西安火车站扩建工程则建起现代生活和历史的联系；西安南门广场的设计整合破碎的城市空间，建起人与历史以及人和人的联系。

3. 不断开辟新领域，引领创作新方向

从关注建筑单体到注重城市群体，从早期的兴庆宫公园、华清池景区到大唐芙蓉园，都体现了西北院的群体环境思想和城市整体设计思维。钟鼓楼广场及地下工程是西北院城市设计走向成熟的标志性工程，随后创作的幸福林带、西咸中心都是西北院从单体建筑到群体城市，从平面走向立体、从单一走向复合的实践。

兴庆宫公园　　　　　　　华清池景区

4. 以平和适宜的创作原则，塑造实用大气的西部风格

一方水土养一方人，长期在黄土地上生活工作的建筑师必然将当地传统反映在其作品之中，西安交大的主楼、西安市人民法院、金石大厦尽管没有任何西安的建筑符号，但其气质上散发着西安天下第一碗"羊肉泡馍"的豪放。

5. 多元并举，和而不同

人民大厦、人民剧院、建工总局大楼在同一时期有着与众不同的特色，表现出中西合璧的特点。以张锦秋为代表的第三代建筑师高举和谐主义大旗，坚持和而不同的理念，从陕西历史博物馆、黄帝陵祭祀大殿到长安塔进行了不同的探索。第四、五代建筑师与时俱进，也有不同的探索。

创新是建筑发展的永恒主题，城市也应有不同的气质和表情，在不同的位置和特定的环境，需要建筑能够表现城市年轮和时代气息，西安全运会长安系列的创作充分反映了新建筑与自然环境的关系，表现了当代西安的新气象。

6. 西北院的核心价值在于几代建筑师所塑造的企业文化

从董大酉、洪青到张锦秋这三代建筑师，他们的一个共同特点在于对建筑文化的孜孜追求和对建筑创作的精益求精，在他们身上体现出的人文情怀和工匠精神是西北院的企业文化和精神图腾。这三位前辈都在中国最繁华的城市工作学习过，他们的一个共同点就是精益求精的工匠精神以及为中国建筑寻找出路的使命感和担当意识。

未来使命

我们在尊重地域文化时，不忘时代的精神；在追求创新时，同样不忘建筑的永恒精神。这就是现代建筑地域化、传统建筑现代化的永恒之路。

日本经过约 200 年的西式与和式之争，最终回归到平和对待自己的文化，就是对精细和自然的热爱，形成所谓的日本京都美学，同样我们从民国开始就存在传统与现代之争。站在新时代，我们可概括西安的美学就是对自己文化的热爱及和谐理念，以及建筑性格中的大气简约，实现了从文化自信到文化自觉。

西北院建筑创作的一条明显的主线是对建筑文化的传承，是对城市的坚守。迈向新的 70 年，西北院老一辈建筑师宝刀不老，老骥伏枥；新一代建筑师朝气蓬勃，将呈现"四世同堂"的局面，传承和坚守也会在不同时期表现出不同的方式和理念。

建筑设计院最大的存在价值在于开展创新科研和培养创新人才，这也是在未来发展中要坚持的根本。在西北院历史上，数千名建筑师服务于这一机构。如何把这一文化基因传承下去是我们的责任，打造百年老店是几代建筑师的未来使命。

在西北院成立 70 年之际，我们遇到了百年未有之变局，工作的对象、方式和模式都发生了巨大的变化。城市更新、乡土中国都是新的趋势，文化建筑、医疗建筑、铁路枢纽、航空楼等基础设施也将是我们新的战场。未来设计市场也将表现出更加复杂化、小型化、个性化、地域化的趋势和立体性、复合性的特点，服务的范围将从单纯的建筑设计拓展到策划、规划乃至运营，建筑设计的理念从追求雄伟高大向体现低姿态、低成本、低造价的"双碳"目标转变。西北院应立足陕西、面向全国，从黄土文化走向绿色发展。

跨越三个时期的五代建筑师，经历了年轻共和国的风风雨雨，经历了国家发展最迅猛的阶段，在国家治理现代化的征程上，不断进行探索。建筑是文化的载体，也是时代的镜子，文化的革命也是建筑的革命，每一次文艺界的争论都会或多或少地反映在建筑界，都会深刻地影响建筑创作。

建筑艺术是现代艺术的最后一节车厢，存在严重的滞后现象。近百年以来，从救亡图存到高速发展，从百年未有之变局到高质量低碳发展，在此之间的 70 年，中国的建筑创作大多处于一个非常态的阶段。

国企大院大多承担着国家、省市重点建设和科技研究项目，同时也承担着国企的使命和担当。它们的作品更多地代表了一个时期集体的审美趣味和特点。每一代建筑师的个人命运都是一个国家的历史档案的一部分。考察一个机构的设计历史，必须在此大背景下才能接近真实。完整客观地评价一个建筑机构的创作需要时间。在西北院成立 70 年之际，我们把其中一些代表性的作品进行收集整理，试图表现一个时代的缩影，

记录设计院前进的历程。

结语

纵观西北院 70 年的创业史和创作史，我们走过了西方发达国家几百年的历程，经历了人均住房面积从 4 平方米左右到 40 多平方米的巨变，经历了城市由单一向多极的变化，物资从极度匮乏到相对过剩的变化，从慢行城市到汽车城市的变化。各种思潮、思想观念相互碰撞，这真是一个激荡的 70 年。在这一宏大的背景下，设计创作只能顺应时代。

在总结 70 年的创作历程中，我们发现，这些作品都具有明显的时代烙印。首先，我们在建筑艺术和城市建设方面还处于童年，还在探索阶段，在创作中也表现出不足：一是创作中过度讲求形式，过于追求风格；二是在设计中对人的尊重不够，常常为了追求所谓的气派和建筑形式而忽视理性、忽视功能，过于追求地域文化，造成一系列伪地域主义建筑的泛滥，客观上阻碍了创新的发展；三是建筑设计专业化能力不强，每个建筑师几乎是全能的建筑师，只满足业主的任务书，缺乏策划、评估一体化全方位服务；四是缺乏对城市的关注。西北院应成为城市文化的守望者，并培养一批城市总策划师、总规划师、总建筑师。

2016 年，我们在陕西历史博物馆举行了张锦秋建筑作品展，晚上在陕博宽阔的前厅中举办"长安之夜"，引起业内外强烈的反响，它所

表达的是城市对一个建筑师的爱戴，表达的是建筑师对前辈的尊重。今天，当我们走过70年，我们向对不同时期为我院做过贡献的人致以崇高的敬意。

十年树木，百年树人。建筑最终是为人服务的，是为人的活动建立的舞台，是人类文化的永恒记忆。处于两个世纪之间的70年，在19世纪与20世纪交错之际诞生了现代主义，在20世纪与21世纪交互之中催生了绿色建筑，在百年未有的变局中，未来的路会更长、更加崎岖。西北院走过了不平凡的70年，我们如何迈向下一个70年，打造百年老店，是我们在总结70年辉煌时不得不面对的世纪之问。对建筑和城市高品质的追求永远在路上。"现代建筑的地域化，地域建筑的现代化"永远是我们的目标。

2016年张锦秋建筑作品展于陕西历史博物馆举行

师承七十载文脉 绽放"百年老店"设计
——"中建西北院 70 年创作"座谈会纪实

INHERITING 70-YEAR HISTORY AND CULTURE, FURTHERING A CENTURY'S ARCHITECTURE—RECORD OF THE SYMPOSIUM ON CHINA NORTHWEST ARCHITECTURE DESIGN AND RESEARCH INSTITUTE'S 70 YEARS CREATION

编者按

2022 年,中国建筑西北设计研究院迎来成立 70 周年的日子。组建于 1952 年的中建西北院是中华人民共和国成立初期国家设立的六大区建筑设计院之一,也是西北地区成立最早、规模最大的甲级建筑设计单位。在 70 年风雨历程中,中建西北院的一代代建筑师始终秉持着对社会、对人民、对历史负责的创作态度与使命担当,将一座座瑰丽作品矗立于陕西乃至全国大地。为梳理、总结、传播中建西北院建院 70 年来建筑创作的突出成就,向业界与公众展示以张锦秋院士、洪青大师、赵元超大师等为代表的中建西北院建筑大师及中青年建筑师们的经典作品与创作理念,特别是近十年文化传承的设计新成果,中建西北院特邀请《中国建筑文化遗产》《建筑评论》编辑部(以下简称"编辑部")合作编撰出版《中国建筑西北设计研究院建筑作品集 1952—2022》一书。2022 年 3 月 2 日,编辑部与中建西北院共同举办"中建西北院 70 年创作"座谈会,邀请中建西北院骨干建筑师们尤其是中青年建筑师 20 多人展开交流,大家结合各自在中建西北院的创作经历与成长过程谈了自己切身的感悟与体会。座谈会由赵元超总建筑师、金磊总编辑联合主持。

赵元超（全国工程勘察设计大师、中建西北院总建筑师）

2022 年是中建西北院建院 70 周年的重要时间节点,按照以往的惯例,每十年西北院会出版一本总结性的"作品集"。回望 70 年的发展历程,长路漫漫,我对这个时间段做了一些归纳,可以分三个阶段。第一阶段是"峥嵘岁月"。1952 年,一批优秀建筑师来到西安成为中建西北院的创始团队。此间我们虽然经历了特殊的历史时期,但中建西北院的建筑师们仍排除万难创作了一批具有代表性的作品。第二个阶段是"改革创新"。1978 年中国改革开放至 1999 年是中建西北院发展的重要时期,其间中建西北院建筑师们的创作激情井喷式地迸发而出,涌现了很多具有代表性的建筑师与作品,如张锦秋院士主要的创作成果实际上就是在这 20 年间。第三个阶段是"百家争鸣",也就是 2000 年至 2022 年。21 世纪以来全国掀起了城镇化浪潮,中国的建筑创作达到了空前的繁荣。

我们尤其应关注 70 年中涌现的代表建筑师们,如早期的董大酉先生和洪青大师等,他们都有在中华人民共和国成立前就开始了建筑创作,而后在中华人民共和国成立初期的建设中也贡献了心智。张锦秋院士这一代建筑师属于第二代创作力量,他们出生在 1949 年以前,成长在新中国,一生都在为中国的建设、发展奋斗和奉献。而像我及同龄的建筑师,应属第三代,我们成长在红旗下,得益于改革开放的春风,见证了中国经济腾飞的 40 年。生于 20 世纪七八十年代的建筑师应该算第四代了,他们正在逐步成为当今中国城市建设和建筑创作的主力军。我们将这样的创作梯队称为"四世同堂"。当然,还有更具活力的"90 后"建筑师们也在逐渐崭露头角。

赵元超　　　　金磊

出于对老一辈建筑师创作精神的回望和致敬，我们曾经举办过"重走洪青之路婺源行"活动，今后也会将系列活动延续下去，让"重走"持续创新。近年来，我们一直想举行"重走董大酉创作之路"的活动。董先生是中国固有建筑的提出者，他身体力行地创作了上海虹口体育场，然后又规划了上海的都市计划。西北院走过的70年历程的确十分漫长，院史的梳理工作意义重大，我正在与院相关部门商议力争找到经历了建院且还健在的"老人"，请他们帮助填补西北院的丰富历史，以激励我们的后代。

金磊（中国建筑学会建筑评论学术委员会副理事长　《中国建筑文化遗产》《建筑评论》总编辑）

作为建筑设计领域的传媒工作者，我们策划并参与编撰的作品集数量很多，题材也很丰富，包括个人的、工作室的、机构的等等。多年来，作为北京市建筑设计研究院有限公司（以下简称"北京建院"）的传媒机构，我们为北京建院出版的作品集与纪念集类的图书达数十部。虽然《中国建筑西北设计研究院建筑作品集 1952—2022》一书的出版时间紧，质量要求很高，但以我们的经验而言，只要相互默契配合，是完全可以高水平成功出版的。我们能胜任此工作的依据在于我们与西北院长期的合作和积累的情感，如在 2006 年，西北院和我们就开始着手编纂张锦秋院士《长安意匠·张锦秋建筑作品集》系列丛书，在长达 8 年的时光里，我们一起编辑出版了 7 本著作。这些著作让我们系统地领悟到张院士作品的价值，感受到专业出版助推中国建筑设计文化传播的力量。2016 年，我们与赵元

超总建筑师合作编辑出版《天地之间 张锦秋建筑思想集成研究》一书，让更多的人可以更加全面地解读一代大师的设计话语。在这之前编辑出版的赵元超工作室的《都市印记 中建西北院 U/A 设计研究中心作品档案（2009—2014）》一书，让我们看到西北院中青年建筑师们的创作活力，以及他们对文化的理解、思考和追问。中建西北院一代代有理想、有创意的建筑师们，是我们编辑部全力编辑这本70年作品集的底气来源与热情源泉。关于图书的版式、装帧等技术性的问题，我们会把好关；关于图书的内容，要在这么短的时间内完成一部优秀的"作品集"类图书，就必须采用高效的手法去编撰；若想作品集成为佳作，贵在留下设计思想及文脉，就一定要有一篇过硬的综述文章，这就需要赵元超总亲自执笔担纲。这篇文章既应包括西北院 70 年分阶段的发展历程，更要谈到这是西北院几代建筑师组成的 70 年"设计、人物史"。据我所知，在目前出版的设计机构作品集中，将一个单位的建筑师按年代予以划分还是罕见的。西北院的 70 年纪念作品集如能按这样的思路编撰，就一定可以托起西北院建筑师群体在全国建筑设计行业中的地位。当然，在建筑创作道路上不仅有年代之分，还有创作理念的更新和普适性的发展，要用项目证明西北院建筑师的创作理念不止于"三秦"大地，他们的作品在全国更广泛的地区也同样被高度认可，因此要梳理出创作理念不同凡响的地方。今天在座的每位西北院建筑师都有自己独特的创作道路，同时也肩负着为西北院设计"筑史"的责任。西北院走过 70 年，虽然各位可能只参与了其中一个时间段的发展历程，但这也是与西北院发展同频的成长之路，希望每个人都能站在自己的角度上谈出自身对西北院设计发展历程的理解和感悟，这将是宝贵财富。

李建广 （中建西北院专业总建筑师）

我20世纪80年代初来到西北院，在西北院的从业经历中，有几个项目让我印象非常深刻，从中可以提炼出西北院这70年发展历程的关键词。

记得在张锦秋院士的带领下，包括我、赵元超总、屈培青总3人被特别点名参与文化体育科技中心项目，其中包含了好几个单项，总体设计沿着南二环的一条线展开。在规划阶段，张院士有了总体的考虑，她在这个区域里看问题不是局部地看，而是从一个城市、从一个区域整个大范围进行把控，这点对我们当时做设计有特别的启发。对于这组建筑的规划设计，确实有一个总体关系的考量。体育场的长轴跟小雁塔在南北一条线上。我们做规划时提出了多个不同的方案，方案里包括图书馆、美术馆、体育教育公寓、商业综合体以及信息大厦。我们按照张总的大思路，尊重城市整体格局，注重延续历史文脉。我们几个年轻建筑师在设计院工作的时间并不是特别长，张院士能够邀请我们一起做这么重要的项目，我觉得是一种荣幸，更幸运的是能得到张院士的言传身教。

除了对项目的总体把控外，图书馆的设计让我印象格外深刻。对于图书馆的定位，当时我们做了很多方案，大家充分讨论。张院士非常谦虚，也没有大师的架子，让大家提意见。我们那时候比较年轻，总觉得给张院士提意见有点不好意思，但是她说："你们尽管提，咱们就是讨论。"后来她直接点名让我说，我就谈了自己的想法。建成的项目就是按照张院士的规划布局的，整体很平实，并不张扬，基本上是"工"字形平面。首先，她提出方案应该满足图书馆的基本功能。图书馆的位置在一个坡地上，当时大家有不同想法，有的说平地肯定好做，把那个土坡推平就完了。我们当时也讨论能不能利用这个地势特点做一些创作，张院士后来做了一个方案，采取了保留坡地的方式，与此同时她查阅了很多资料，然后提出从唐代来讲这块地方就是文化的场所，在这个地方布置图书馆从延续历史文脉的角度而言是适宜的。当然，这个位置也有不利的一面，它正好在长安城市立交转角的地方，确实有一些噪声干扰，于是我们通过建筑的处理手法来解决，在转角的地方空出一个文化广场。张院士提出：第一，从空间来讲有一个过渡；第二，从隔音上来讲，拉大距离，减少噪声，而且就高度而言，保留土坡，也会减少噪声的影响。由此可见，张总在做设计的时候不是简单地一开始就唯形式论，而是从建筑的基本功能需求出发，同时也从环境出发，充分考虑技术问题的解决。再就是她特别强调创作中的文化内涵。张院士曾和我说："搞设计不是只有室内空间、室外空间，还有中间空间，叫灰空间，介于室内、室外空间之间。"这个灰空间的设计手法在建筑设计上要多研究它、利用它，这也是中国传统文化的一大特点。

在座的各位中，我和李子萍总是同一级的，我们也是改革开放后最早来到西北院的。当年刚入职时，我记得很清楚，一共有27个毕业生来到西北院。当时设计单位少，开办建筑学专业的大学也不是特别多，27个人里有7个是建筑专业毕业的学生，他们分别来自全国老八校里的六大院校。记得有重庆建工学院的姜怡筠，是位女生，后来去了日本；有同济大学的丁峰，还有西冶建筑学院的朱大中和崔树功两位。所以，从西北院的构成来讲，生源来自不同的地区、不同的院校，从而融合了南北东西各个地域的人才。西北院最早的有国外留学背景的第一代建筑前辈有董大酉先生、洪青等。

关于建筑师的断代问题，我基本上可以认可赵总提到的观点，大概是五代，具体怎么划分还可以再认真考虑一下。第一代，我想是西北院创建初期，以董大酉、洪青为代表的前辈建筑师，以及黄克武和郑贤荣，从年龄结构层来讲，他们也应该放第一代。张院士一再表示，黄克武、郑贤荣都是她的老师，所以，我认为他们应属于第一代。第二代是张锦秋院士、教锦章总、刘绍周总等。在我们加入西北院时，他们就是我们的老师，我们接受了他们的言传身教。西北院精神的传承，基本上是以"传帮带"的方式，像手工画图，他们都是手把手地指导我们修改，就像师傅带徒弟一样。那时每个学生分配到设计部门后，都有一位老同志来带，我们确实从老一代建筑师身上学到很多东西。我们这一代放第三代还是比较合适的。此后就是20世纪70年代出生的建筑师，第五代是80年代毕业的，在座的还有3位"80后"建筑师，你们应该放第五代。

刚才谈到了西北院70年的发展历程，有这么多代的建筑师不懈的努力和探索，我想应该将各代建筑师的作品、代表性的人物结合起来，"见物见人"，这样的讲述方式更加生动。西北院70年的创作历程回顾应遵循怎样的脉络和思路？我想应该从西北院开始创建、西迁专家人员的支援，还有西安本地的一些设计机构、设计公司的加入入手，体现西北院是一个融合的集体。此外，这个城市的特色孕育了西北院的特色。西安是世界历史文化名城，有独特的文化地位，这座城市的特色和历史文化的影响也是必须要考虑的因素。大家可以看到第一代以董大酉、洪

李建广

青为代表的建筑师们的作品，如西安人民大厦、人民剧院等，那时他们从国外学到了西方现代建筑和古典建筑知识，归国后在西安土地上的建筑创作实践应该是中西合璧式的展示。人民大厦就是很有代表性的中西合璧的作品，建筑师创作的手法非常熟练，细部做得非常精致，其中也融合了西安地域特色的创新，并不是一味模仿国外的方式，更不是因循守旧地把过去的建筑形式复制过来。

20 世纪 70 年代包括 80 年代初期的一些作品，我们可以挑选一些有代表性的，像长城宾馆、西安宾馆，实际上现代建筑融合一些传统的符号，也是当时的主流，包括陕西省人民政府办公楼、西安火车站。这其中也有迭代的问题，传统建筑符号在现代建筑上的体现，西北院在那时也做了一些探索。此外，以张院士创作的传统空间意象不仅仅是一个符号，也不仅仅是一个表面的形式，而是在城市空间、群体空间、个体建筑几个维度的营造。我们当时加入西北院时，恰逢陕西历史博物馆征集方案，我和李子萍总等赶上了这个关键的时间点，就参与做了一个比较方案。那时我们刚刚从学校毕业，是用相对现代的手法做的一套方案。因为是陕西历史博物馆，没有历史怎么表达它？又是个博物馆，又是历史博物馆，实际上是国家级别的馆。当时对于其设计理念肯定有争论，有的人要现代的，有的人要传统的，最终张院士还是非常坚持自己的观点，也说服了很多决策者，把陕西历史博物馆方案落实。我们相当于有幸做了一些辅助工作。事实证明，最终选定的方案应该是在当时的历史

条件下最适宜的。该馆建成后获得多个国家奖项，这也得益于张院士超凡的创作自信和文化坚守。如果从现在的视角来解读，那时候实际上张院士就有一种意识，叫文化自信，现在中央提出文化自信，也是总结经验。可见，那时候张院士的思想就很有前瞻性了，这说明一种文化自信在她的心中是根深蒂固的。

西北院的创作一直在发展，也一直在寻求创新。西北院的建筑，实际上沿着的一个脉络就是现代建筑如何把传统文化和地域特色融合在一起，既不能一直走过去的路，一定要创新，但是也不能丢掉文化根基和地域根基，这是西北院的集体潜意识。这得益于西北院的世代传承和历史底蕴。虽然我们在很多方面和北上广的设计大院有些差距，但是，我们有自己的特点，有自己的底蕴和追求。

说到传承，我认为应坚持以下的几个方面。第一，建筑创作思路的传承，这是西北院的一个特点。第二，坚守精神的传承，面对国内纷杂的创作思潮，张院士坚持的具有传统特色的现代建筑之路，也曾有不同的声音质疑，但如果她动摇了，我们可能就没有今天进一步探索的机会，西北院人并没有受到这些外来因素的干扰，一直在坚守自己的初心。此外，西北院建筑师的创作态度非常务实，西北院在不断思考、不断脚踏实地地创作着。张院士一直强调我们设计院要做精品，要总结，要提高，要不断地创新，但是，不能丢了中国的传统文化。张院士也单独找我谈过几次，她强调要好好研究中国传统文化的经典

建筑，包括苏州园林等。第三，西北院的未来还是在于创新，这也是我们一直在追求的。西安是一座历史文化古城，我们不能将这些厚重的历史当作包袱，而是要作为建筑创作的基石，我们的建筑创作应该是有根、有源的。

李子萍（中建西北院顾问总建筑师）

如果在学界目前认定的全国代际平台上，将西北院的代际人物融入的话，第一代代表人物只有一位董大酉；第二代代表人物洪青；第三代是张锦秋；第四代是赵元超；第五代建筑师应是 70、80、90 后的一大批新生代建筑师。我个人认为，为建筑师断代应该从学术贡献和代表性作品的角度去断代，而不仅仅是以年龄作为划分标准，建筑师的作品风格和创作寿命常常有跨代际的现象。因此，对西北院 70 年创作有较为突出贡献的是三个代际建筑师群体。

第一、二代就是西北院创立时期的建筑师，有董大酉、洪青、华冠球、包汉弟、黄克武、方山寿、郑贤荣、杨家闻、何昆年、安中义、曹希曾等，那时也是西方建筑思潮进入东方的时期。西迁并不是随着"大三线"建设而开始的，而是从抗战开始就已经有西迁的现象，西北公司就是抗战时从沿海城市跑到西安的建筑师成立的。这一批建筑师创作的特点是中西合璧，运用西方的设计手法和语言与中国文化相结合，老一辈建筑师不少是国外留学后回国的，也有民国时期培养的，后来随着中华人民共和国成立、"大三线"建设和交大西迁而来，都是从东边往西边迁。他们受教育的背景、建筑作品的特点也非常一致。他们在新中国一穷二白的时候开始创业，作品奠定了中华人民共和国成立前 30 年西安的城市风貌。

第三代建筑师是以张锦秋院士为代表的新中国自己培养的建筑师，他们在祖国最需要的时候走上了建筑舞台，设计了一批有代表性的作品。为什么说以张院士为代表呢？张院士不同于上一代的最重要的特点是她明确提出了"新唐风"理念并加以实践，而在她之前没有人提出"新唐风"这个理念。我认为她倡导的理论和作品足以成为断代的鲜明特征。和张院士同时期的 20 世纪五六十年代的以老八校为主培养的一批建筑师有王懋正、王觉、王人豪、刘绍周、吴廼申、教锦章、龙志启、葛守信、魏代平、王立民、安志峰、王天星、王洪涛等，他们走的路和张总一样，

但又不同。张总是以坚持民族风格、特色鲜明的"新唐风"为新建筑创作的出发点，其他人大多坚持以现代风格传承民族文脉进行创作，用现代主义语言解释传统建筑风格。我们不应该忽略这些人，他们的建筑作品在相当一个阶段占到西北院整个创作作品的百分之七八十以上，形成了改革开放初期西安的城市风貌。

第四代建筑师就是以赵元超为代表的、"文革"后中国自己培养的一批建筑师。他们坚持用现代风格进行地域文化及传统文化的传承创新，承前启后，与老一辈和新生代一起，担负起中国城市化浪潮迅猛发展的历史使命，其作品为新中国成立后 40 年西安城市风貌的发展做出重要贡献。

张锦秋院士至今仍保持着旺盛的创作活力，"新唐风"理论与实践成为 70 年西北院创作的鲜明特色。西北院以第二、三、四代建筑师为主，以新生代为辅，共同塑造了今天历史文化名城西安的城市风貌。同时，我们应建立有效机制，为西北院新生代建筑师的成长和创新发展提供有力支持。

安军（中建西北院专业总建筑师）

建筑设计行业贵有坚守精神，作为建筑师我对这点也深有感触。我出生于 20 世纪 60 年代，从业已有 30 多年，同学聚会经常谈论谁还在坚持自己的专业搞设计，数下来已是寥寥无几，几十年坚守建筑师职业实属不易。西北院立足西安、根植西北，在西部经济欠发达的特殊环境下，西北院建筑师坚持设计、坚持专业，没有坚守精神，确实很难有今天这样的积累和成果。

《中国建筑西北设计研究院建筑作品集 1952—2022》的编辑出版确实是西北院建院 70 年来的一件大事，有很高的学术价值。设计单位就是依靠优秀的作品才能赢得市场话语权，像我们有如此悠久历史的设计单位，核心价值不在于产值多少，更多的是人才和作品的积累；要打造"百年老店"，不能单以产值的高低来衡量，更要靠优秀作品的涌现和一代代西北院人的坚守和传承。由此我提以下四个方面建议。

第一方面是对西北院发展时期的划分。我完全同意三阶段历程的西北院发展史。结合中国共产党建党百年的历程，有人提出四个时期论点，即救国大业、兴国大业、富国大业和强国大业。总体来说，西北院是伴

李子萍　　　　　　　　安军　　　　　　　　秦峰

随新中国成长起来的。第一阶段从 1952 年到 1978 年；第二阶段是改革开放的前 20 年；第三阶段是 2000 到 2022 年，西北院见证了国家从站起来、富起来到强起来的发展历程。历史断代很重要，作品集应把发展脉络梳理清楚，树立建筑师的认同感和西北院人的历史观。

　　第二方面就是建筑师的断代问题。根据历史沿革、设计实践、人员的代表性等，我觉得西北院大概可以分为四代建筑师。第一代建筑师以"西迁精神"为代表，如董大酉、洪青等；第二代建筑师以张锦秋院士为代表，他们是新中国培养起来的大学生；第三代建筑师是改革开放恢复高考后培养起来的大学生，以赵元超大师等为代表；第四代主要是以"80 后"为代表，是最具活力的青年群体，也是西北院的未来。四代建筑师基本上符合了西北院的发展历程，作品集不但要体现建筑师迭代更替，更要反映建筑思想的变化发展，也是指导今后建筑创作的工具指南。

　　第三方面是作品集反映西北院独特基因的传承，或者称为群体精神、集体画像。①西北院是传统建筑文化的守望者，就全国而言这是西北院相对突出的特色。西安是中华文明的故乡、中华民族灵魂的故土，以张锦秋院士为代表的建筑师在塑造城市特色、留住文化记忆、探索传统建筑现代化表达方面功不可没，作为西北院的守望者和坚守者，她实至名归。②西北院也是现代建筑之路的探索者。社会需要现代化，城市需要

现代化，科技需要现代化，建筑设计传统与现代的结合是西北院建筑创作一直摸索的方向。③西北院是西部建筑的耕耘者。西安是西北地区的桥头堡，西北院可以说是地区建筑设计行业的领头羊，以西部为根，以西部为取之不竭的创造源泉。④西北院是"长安建派"的营建者。与"长安画派""长安学派"相呼应，我们希望通过作品集确立"长安建派"的建筑师群体风格，形成辐射西北乃至全国的文化符号及学术品牌。

　　第四方面，作品集回顾总结过去，目的是为了面向未来。西北院"80后""90 后"建筑师是未来的代表，应该留给他们更多空间。期待西北院的未来能够传承有度、守正出新，年轻建筑师在新时代能够破茧化蝶，有风格，有作品，也有群体代表，百花齐放。同时，编撰作品集要有更高的站位和更广的视角——风物长宜放眼量，建议放眼全国甚至全球范围，要以大视野定位作品集的内容、风格和属性，反映西北院整体的、综合性的成绩，凸显更大更深远的意义。

秦峰（中建西北院专业总建筑师）

　　西北院走过的这 70 年，实际上体现的是集体奋斗的概念，我们提出要打造"百年老店"，而"百年老店"的秘方是什么？就是在西北院

这么多年的坚守、演变过程中，刻在西北院骨子里的精神或称基因。如何提炼总结、发扬光大这种基因是我们要思考的问题。

对于建筑师个人的创作感悟而言，要思考如何在西安、如何在西北搞建筑创作，这其实是西北本土建筑师们一直在思考的命题。我们大学刚毕业的时候为什么选择回到西安？在西安的创作土壤里一直工作，我给自己的评价就是：土生土长的西安建筑师。我认为我们这批建筑师骨子里基本的理念，就是我们要在西安、在西北做出不一样的建筑创作。

在新时代的背景下，我们应该想一想西北的创作土壤是什么？创作方法有哪些？最后能形成什么样的经验总结？从而思考西北院的未来如何发展。现在设计市场竞争越来越激烈，未来是要交给青年一代建筑师的。可贵的是西北院有张锦秋院士、赵元超大师这样的成功建筑师作为榜样，给这些年轻建筑师以正确的引导。将西北院70年来的作品汇集成册的特别意义在于，在西北院建院70周年之际，通过这样一本书能够形成一个较清晰的院设计史的发展脉络。我本人于1990年来西北院工作，30多年来一直在埋头工作，都没有仔细地想想这些问题，其实这更关乎西北院创作精神的传承与发扬。

我认为，中建西北院最闪光的精神在于坚守，这与我个人经历分不开的。我刚加入西北院时还是年轻小伙子，满怀热情、满怀希望。西北院那时就有较为宽松的创作环境，我和安军总还曾到清华学习画渲染图，这个学习经历对我帮助特别大。记得有一次我很认真地画了一份作业，老师给我的评价是为什么没有颜色？我一直都记得这句话，从那之后我除了注意素描的表现外更关注用色彩表达创作的理念。随后建筑设计市场化，竞争也十分激烈，那时西北院也经历了人员的变动。我1999年回归设计院进入华夏所工作，也曾经与赵元超总做过一些项目，但是面对全国整体建筑风格的变化，我们作为西部建筑师似乎对自己的创作又有点不太自信。此后，张锦秋的一批作品在全国甚至世界上产生了影响力，于是我们又找到了创作的根基，一直在坚守着。我认为坚守下来还是很有价值的，至少从我们自己得到的一些成果来说也是在探索一条创作道路，总结起来就是地域化或中国传统建筑文化的传承与发扬。此外，我们也一直在探索如何在西部这种经济条件下进行建筑创作，实现了基本经验的积累以及专业化方向上的提升。我们始终坚信这条路是能走通的，这也是我们作为西部建筑师对于专业的"任性"。

李冰 （中建西北院专业总建筑师）

我毕业于1989年，而后就到西北院工作。西北院的70年，是坚守的70年，也是传承的70年，这个定位是比较准确的。根据个人的经历，我说一下对传承的理解。

李冰　　　　　　吕成

第一是"西迁精神"。记得 2019 年我们去西安交大学习的时候，就看到学校档案馆里西北院创作的作品档案。20 世纪 50 年代末迁址西安的交大，大部分校园建筑都是西北院第一代建筑师的作品。目前西北院在逐步整理西迁资料，这段历史是西北院建院的重要历史。西北院是如何成立的，我估计对于"80 后""90 后"的建筑师而言都很难讲清楚，所以应该借这本作品集来让大家了解西北院的建院历程。

第二是我院的第一代建筑师，包括董大酉、洪青等。我们都还只是听别人说起，他们的纪实、故事流传得很少，传播得更不够，包括他们的作品，唯有几例能够看到。西北院建院 70 周年，既然是传承，一定要让所有西北院人都能了解这些前辈建筑师的贡献和作品。

对于西北院的传承，我的体会还是比较深的。我刚来西北院时，老师是魏代平总，他教会了我严谨的治学态度。第二年我们跟着李建广总到厦门分院去工作，建广总当时带着我们年轻人在厦门参与了恒通大厦等的施工图设计，后来回西安，又回到一所 103 组。建广总就比我们大两三岁，亦师亦友，他言传身教，培养了我们踏踏实实的工作作风。到 2012 年左右我主要搞经营和管理了，参与的创作基本上很少了。近几年我有幸跟着赵大师做西安火车站改造，通过参与这个项目我感受颇深。整个过程中，赵总将地域文化、环境和谐延伸到整个创作过程，将他对西安这座城市的理解和情怀融入建筑创作中，体现了一位自信的建筑师的职业坚守。针对如何协调与丹凤门的关系、如何将大体量站房建筑从高 36 m 减到 24 m

等问题，他做了多轮的方案备选，并以 1:10 模型进行细节的、多角度的推敲，最终形成目前新老建筑精彩和谐的对话场景。西安火车站改造体现了我们所说的传统建筑现代化，体现了传承与创新，中国铁路总公司对这个项目降低高度与环境融合的效果还是非常认可的。

第三是传统文化的传承和创新。传承是根基，创新是发展，我认为西北院过去的 70 年，传承是主旋律，我们出去投标，如火车站站房的投标，铁总那边常说，我们基本能认出你们的方案，你们更擅长体现传统文化、地域文化。的确如此，我们完成并获得好评的新疆和田站、西藏日喀则站、安徽亳州站都属于此类。这就引申出了一个特别重要的创新话题，没有文化传承的创新是无源之水。这几年西北院也在大力提倡设计创新，也产生了一些具有时代气息的建筑作品。希望从现在开始，借 70 年院庆，创新也能成为我院发展的主旋律，这也督促着西北院的建筑师们要实现自我能力的不断更新。

吕成（中建西北院副总建筑师）

前面的几位老总从不同的角度对西北院的历史脉络做了很好的阐释，我从个人成长角度谈谈西北院的传承。

回顾我的成长经历，深感幸运。我是土生土长的西安人，当年我的同学们去"北上广深"的大有人在，留在西安的并不多，我们那一届西安建

筑大学建筑学专业进入西北院的就我一个人。在我职业生涯的启航阶段，我有幸和院里多位老总、前辈学习过。我入职培训的第一课就是张锦秋院士上的，我们当时都很激动，感到十分荣幸。张总给我们讲述了西北院的发展历史，问我们来西北院后有什么职业规划，并明确要求我们："你们来西北院一是要干事业，二是要做精品。"我在初入院时很懵懂，对于张总提出的"干事业"，其实理解并不深，更不要说"做精品"。当时画一张效果图一千多块钱，比工资高，外面随便做做项目就有不少的额外收入，社会诱惑非常多，乱花渐欲迷人眼。对于自己的职业如何规划，我没有一个清晰的路径，但幸运的是，在个人职业成长的关键期，我得到了几位老总的悉心指导，这对我的职业生涯有极大的帮助。

第一位给我指导的前辈是教锦章总。我当时已经入职，但还没有报到，教总给我打电话，希望我在西安建筑大学图书馆为他借一本书，书名叫《总平面设计》。教总当年负责注册建筑师考试中"场地设计"科目的出题工作，他找了很久都没找到这本书，于是希望我帮忙去图书馆找一找。后来教总还书时我看到教总做了很多关于这本书的读书笔记，十分详细。那种认真钻研的精神对我影响很大，至今难忘。

正式入职后我做的第一个项目是为咸阳505集团设计一栋康养建筑，这个项目是在王天星总带领下完成的。王总对我的要求非常严格，要求我将主要图纸及效果图先手绘一遍草图，并将所有草图订成一本，最后与正式图纸统一归档。后来我又先后在几位院总的领导下参与了一些项目设计，

受益匪浅。我记得李建广总还专门把我叫到办公室，与我交流在西北院怎么自我发展的问题。建广总根据自己的奋斗成长经历，告诉我做事情就是要脚踏实地、努力奋斗，不要好高骛远、左右动摇。刚才大家提到的坚守的理念总结得十分到位，设计师就是要靠坚守才能有所成就。

我是2007年加入的华夏所，有幸跟赵元超总做了西安市行政中心项目。做那个项目的时候我真正认识到什么是"做精品"。赵总从整个项目的大局进行把控，他对西安历史的深入了解、全过程的精益求精和殚精竭虑的付出，给我很大的教育。就是从那个项目开始，我才对"做精品"有了具体化的工作方法认知。

后来，我有机会得到张锦秋院士的亲自指导，跟随院士做了一些项目，也更能体会张院士当年说的"干事业、做精品"的内涵。比如凤凰池项目，张院士并没有一个固定的套路，完全从地域环境和主要空间意境角度去创作，而且对从规划到建筑、景观、环境的细节掌控到极细致的程度。她不但会关注景观节点的视线关系和空间效果，还会给每一个景点起一个非常诗意的名称，以达到情景交融的境界。细化控制到如此程度，实在令人钦佩。因此，能够跟随西北院老总们学习，亲身感受西北院精神的传承，我无疑是非常幸运的。

关于建筑创作方面，我有一个想法。西北院一代代建筑师创作的作品其实都有一个主旋律，那就是对中华优秀传统文化的传承创新，这可称为西北院建筑创作的集体意识。张院士对自己的创作有一个总结，即坚持和

刘斌

谐建筑理念，就是坚持建筑与自然的和谐、与城市的和谐及建筑自身的和谐。建筑设计无关风格，其根基是中国优秀传统建筑文化的理念，强调的是建筑的在地性，强调对城市历史文化的深入研究，同时强调根据时代进行创新。

正是因为西北院对传统文化或者地域文化的重视，我们对项目所在城市的理解会更深一些。西北院在西安这么多年的创作，从第一代建筑师创作的人民大厦、人民剧院等一系列项目，到张院士创作的一系列被称为"新唐风"的标志性建筑，到后来赵元超总做的一系列经典作品，我想这都是我们在这个根基下面针对时代的一种创新性和引领性的表达，根虽是传统的，但表达方式却具有时代性。我们是西部地区建筑设计的领头企业，我们在西部这片历史文化深厚的土壤上做创作，形成了创作的潜意识。我们形成的这个创作潜意识其实是与其他发达地区不太一样的，我们不能固守西部，还要勇于走出去。华夏所最近几年在全国做项目的感受是，我们对传统文化和地域文化的重视形成的创作潜意识与其他同行相比还是很有自身特点的，这点要结合时代的创新和发展进行发扬，这可能是西北院面向未来需要持续努力的方向。

我在西北院已经工作 27 年了，回过头来再想想张院士在我入职时提出的"干事业、做精品"的要求，其实就是我们西北院每一位建筑师所要为之努力奋斗的目标，至于怎么做，需要长时间的努力和学习，毕竟当建筑师是一辈子的事。张院士叮嘱我们："你们中青年建筑师在这个年纪不奋斗什么时候奋斗！"张院士现在 80 多岁了，还在不断地画草图。建筑师是需要奋斗终身的，对西北院来说，要做"百年老店"，建筑师也要奋斗百年。

刘斌（中建西北院副总建筑师）

我是 1995 年来到西北院的，西北院有很多精神一直影响着一代代建筑师，如"西迁精神""传承精神""地域精神""创新精神"。西北院的成立得益于从上海工业及城市建筑设计院、上海华东工业建筑设计院西迁了一批老一辈设计人员。我们那时到院的时候也经常受到老专家们的指导和教育。说到"传承精神"，我有幸和赵元超总一起做了几个项目，在以赵元超总为代表的西北院建筑师身上，我学习到了很多东西。他们真的能够做到知无不言，言无不尽，这其中包括知识层面的，更有品德和职业操守方面的言传身教。

陕西一直被划为西北区域，其实陕西在古代是中国的原点，我倒觉得可称为中部地区，这么讲不是说对"西北"有地域上的歧视，但是如我们现在出去承接项目，好像多少会受"西北"这两个字影响的。因此我们应坚守地域的创作，还得结合这个区域的实际情况进行创新发展。一方面，我们创作的时候，气候环境、地域环境对建筑创作影响很大。另一方面，现在生产经营的担子也比较重，所以我们要兼顾发扬西北院固有的创作精神，引领新一代建筑师在建筑创新方面做出承上启下的贡献。我院结合 70 年院庆举行了很多活动，前一段时间组织了 70 周年

Logo（标志）的征集活动，当时我也参与了。在众多方案中，最后选择了一个有中国古典符号的方案，但大家在选择这个方案的时候也比较纠结，纠结的原因可能还是想打破西北院在建筑遗产设计方面比较领先的这种固有印象，想突破这种传统的束缚。我想无论是老一代的建筑师，还是年轻的建筑师后辈，一方面要做到守正，另外一方面还是要做到创新。那就希望年轻一代建筑师们在坚守"传承"强大基因的基础上，能够做出一些更优秀的作品，冲破原有这种窠臼，为西北院"百年老店"的后 30 年发展奉献自己的才智。

张莉娟 （中建西北院副总建筑师）

我 1996 年来到西北院，到现在已经 26 年了。回想这一段历程，觉得自己很幸运。刚到院里就赶上了上一代建筑师们创作特别繁荣的年代，这些老总带着我们参与了很多优秀的工程，在学习过程我们过得很充实，成长也很快，毕竟有这么多优秀的建筑师和建筑作品可以作为我们学习的榜样。

在这个过程中，我深深地体会到，整个西北院的设计师们不仅设计能力优秀，而且工作也十分踏实，阅古览今，保持高昂的学习热情，与时俱进，使设计院的设计团队一直拥有稳定的输出水准。

在创作过程中，大家都在为好的设计想法的实现而奋斗和坚守，将整个城市的历史、地域和环境，真真切切地融入设计作品中。而这些潜在基因，是我们开始思考设计创作、汲取养分的源泉，也是西北院留给我们的创作印迹。纵观西安的城市发展，正是一批批辛勤耕耘的建设者们的奉献，才形成了西安古都的别样风貌。一代代建筑师们创作的优秀作品恰如其分地诠释了西安的性格。而大家之所以能坚守，正是出于对整个城市和建筑创作的热爱。

对于我们"70 后"的建筑师而言，我们所扮演的是承上启下的角色，前辈们的创作道路我们要去遵循发展，对后辈青年建筑师我们也应竭尽全力去协助成长，这个纽带要把西北院的传统，包括我们对建筑设计的意图和信息向下传承下去，使西北院在发展过程中形成本身的演进脉络，形成具有西北院特色的建筑创作理念。

徐建生 （中建西北院青年建筑师）

我出生于 1982 年，今年刚好 40 岁，在我看来，并非四十不惑，而恰恰是"尚不知所惑"，40 年来的人生经历，在专业上尚且远远不够，需要修炼和求索的道路依然漫长。而今恰逢中建西北院成立 70 周年的重要历史节点，不免感慨万千。

张莉娟　　　　　　　　　徐建生　　　　　　　　　高萌

按照时间算来，我这成长的 40 年，恰好是与改革开放 40 周年的历程相伴随，我们与好时代相逢。2000 年，我就读于建筑学专业，在建筑领域学习工作已 22 年。我本科毕业后开始攻读硕士，后又读博士，一直未曾间断在中建西北院参与实际工程项目。身处央企大院，我耳濡目染的是老一辈建筑师扎根西北的执着与坚守，感叹至深的是西部建筑师的勤劳与智慧。在这里，我和众多青年建筑师一样，收获了自身的成长和历练，培养了对专业的热情和信念。因此我很庆幸，能够一直坚守在建筑创作一线，能够耳濡目染地接触大院的文化。在这其中感触最深的，一方面是中建西北院一以贯之的传承精神，这种传承，不仅仅是西北院坚守的对文化的传承，更有老一辈建筑师对青年建筑师的传授，前辈建筑师们身体力行，展示着职业建筑师对于社会和城市所应有的责任与担当；另一方面是众多的前辈建筑师们多年来扎根西北、辛勤耕耘，为三秦大地的美好而不断努力，为建筑的理想而终年忙碌，这种坚守和守望令人感动，他们守望的不仅是对文化的自觉与自信，更是建筑的原创精神与匠人情怀。

高萌　（中建西北院青年建筑师）

2001 年，我选择了建筑学专业，家人或朋友对我所选择的专业都不了解。一直以来，数学和物理是我最感兴趣的学科，当时申报专业时认为建筑学是涵盖面很广的学科，其中也涉及结构专业的知识，所以就报考了，最终一个理科思维的人进入了建筑学领域。

我是在哈尔滨工业大学完成的本科和研究生的学习，2009 年毕业后在哈尔滨工业大学建筑设计研究院工作了 4 年，2013 年来到中建西北院工作，至今已 9 年时间了。我一直试图对建筑创作的规律进行一些总结和比较。我很荣幸在参加工作的这十几年中师从了两位大师——梅洪元大师和赵元超大师。在两位老师的指导下，我也参与了很多项目的创作。下面就以我在两个设计院亲身经历的比较典型的项目，谈一谈我对建筑创作的感受。

在哈尔滨工业大学建筑设计研究院工作时，我参与了 3 个比较典型的项目。一个是果戈里大街的立面改造。果戈里大街是从哈尔滨的老火车站出来之后正对着的一条街，当时为了打造哈尔滨城市特色风貌，领导专家研究后认为这条街应该恢复最初规划的样子，应给所有的现代建筑"穿衣戴帽"，全部进行欧化语言的表达，让人们走出老火车站后感受到东方莫斯科、东方小巴黎的文化氛围。我们设计组成员对哈尔滨的欧陆文化做了细致的调研，最终效果也基本让人满意。第二个项目是哈尔滨哈西火车站。我参与了站前广场项目的设计，该项目也经历了对哈尔滨文化的深入挖掘、梳理的过程，撷取哈尔滨的东北老工业基地的厂房文化，利用老工业基地的红砖以及拱券的元素来做设计，最终成品效果各方也比较满意，但它和第一个项目提炼的文化基因又完全不同。第三个项目，就是我们和马岩松 MAD 事务所进行配合，做了一个木雕馆项目的施工图设计，当时已经采用参数化的设计技术。木雕馆坐落在一个新城中，设计方案并没有提炼到特殊的地域文化，我们是用一个参数化的表皮来模拟一段木雕摆在地上的形态。这个博物馆当时也成为哈尔滨较受关注的新建筑之一。这三个项目的设计概念代表了哈尔滨城市三种完全不同的文化基因，也表达了三种文化理念。

在加入中建西北院之后我进入"都市中心"，参与的第一个项目就是我们的"金延安"项目，重点对延安老城特色进行了研究，以及如何使"金延安"钟楼、西街在新的区域及土地上让人们体验到老延安的文化氛围。当时我们提炼了延安的窑洞文化元素，采用了拱券，在符号学的角度以及材料材质方面进行了一些传承，这也是对当时延安城市文化的一种理解与思考。第二个项目是我们工作室创作的延安大剧院，它在文化表达上用的也都是延安的文化符号，但是在提炼的基础上又进行了一些质感的塑造，包括空间意象的提升，我认为这个项目在纵深的水平上又进了一步。第三个项目是 2021 年在赵总带领下做的长安系列工程，即"长安云""长安乐""长安谷""长安书院"等，它们的创作过程就是对西安广运潭地区传统文化的提炼，尤其在"长安乐"的设计中采用了古陶埙文化意象。同时，我们也用到了参数化设计来塑造比较有动感的流线型表皮，包括地景建筑的概念融入。

从上述项目中可以看到，哈尔滨的三个项目是从三个不同的文化方向进行的建筑创作；而在西安的项目则是沿一条纵深的文化脉络逐步深化，呈现出的是迭代的进化状态。如果说"金延安"是我们做的对传统文化传承的 1.0 代作品的话，那么我们做的延安大剧院就在文化传承方面上升到了 2.0 代，"长安系列"我们又上升到了 3.0 代，整体是一个呈阶梯状上升的趋势。

我们这代建筑师也是奔 40 岁的人了，虽然积累了一点点设计经验，但还远远不够。我想以后进行建筑创作时，在传承前辈建筑师精神的同时，也要站在巨人的肩膀上进行迭代更新，以中华文化为根基，紧跟世界的脚步。今后的建筑不仅要传承我们本土文化，同样需要与现代设计理念、建造技术、建筑材料相结合。

刘月超 （中建西北院青年建筑师）

我是 1985 年出生的，也就是赵总说的第四代建筑师。我最近也在思考和探寻西北院 70 年的创作规律，但毕竟年轻建筑师短暂的执业认知，使我们对问题认识没有前辈们这么深。最近我正在参与做一个档案馆的改造，位置很隐秘，在地图上都找不到，因为它是个保密项目。我们去探勘现场后就感觉原来的建筑现代味还很浓厚，一追溯才发现是西北院做的设计。随后我们找到了当年的设计图纸，这是一套纯手绘的图，看图签项目负责人应该是曹曼华和王利民。当时中建西北院还是陕西省第一设计院，所以我们看到这套图纸也很感慨。根据原有的设计理念，我们将这个项目定位为一方面要满足新的存储档案的要求，另外一方面我们把它定义为当时陕南地区首批有现代风格的公共建筑。原建筑属于建筑遗产的范畴，对原有的设计手法我们尽可能都要保留。通过这个项目我们也感触很深，我们现在已经能接到 20 世纪 70 年代的改造项目了，还是西北院前辈建筑师们的作品，一定要把项目做好、传承好，这也是我们的荣幸。

通过各位老总的发言，我们对西北院的发展脉络有了进一步认识，我认为，这也是西北院建筑思想的发展历程。尤其是前三代建筑师们，已经形成了比较有特点的建筑思想，甚至是建筑思潮。西北院一直在强调我们是传统文化的守望者，我认为西北院的建筑师还有其他身份值得关注，即新地域文化的探寻者，各位老总的作品都体现了新时代丰富的地域文化，如赵总的四方城内的建筑和在宝塔山下的创作，以及"十四运"的系列作品。我是安总的研究生，和安总一起工作的这十几年，参与了很有代表性的咸阳机场规划项目等。大师们的作品虽然是很现代的，但是回过头来看，还是有根可寻的，它们不是一个无本之木的创作。在西安做建筑的建筑师们一直在坚守，这也是我们院走过 70 年的重要的财富。我们作为第四代建筑师，现在最大的任务是将前辈建筑师们的创作精神完整地承接好、发扬好。

许佳轶 （中建西北院青年建筑师）

我想以个人在西北院的工作经历来谈谈对西北院 70 周年的感受。

刘月超　　　　　　　　许佳轶

我毕业于华南理工大学，在大学期间主要接受的是以现代建筑设计思想为核心的教育，当时参与了南京大屠杀纪念馆设计竞赛，当然整个年级都加入其中。毕业后我回到西安进入中建西北院工作，这里给我带来了不同的感受，最大的感触是建筑师在创作中对于地缘因素和历史因素的重视。我记得张总（张锦秋院士）曾经写过一篇文章，她指出西部建筑师特别是西北院的建筑师，工作植根于这片历史文化积淀深厚的土地上，面对的虽是经济相对落后的环境，但他们都有着较高的文化自信和自觉，努力寻找着符合所处地域环境的建筑创作道路。

　　这种氛围也深深地影响着我。近几年我有幸做了一些整理张总（张锦秋院士）设计材料的工作，看到她撰写的很多文章，也聆听了她讲述的包括学生时代、1949 年后国家建设、"文革"时期到改革开放至今的工作、生活经历，如西北院老一辈建筑师在项目设计时对于细节的钻研。张总曾作为年轻建筑师参加毛主席纪念堂的设计工作，杨廷宝先生的指导令她难忘。张院士说，当时建筑师们没有统一的设计室，在酒店临时准备的房间里进行设计，十分分散。但杨先生会逐一去进行指导，特别是杨先生提出了一些对于园林方面的意见和建议。"文革"后期，张先生希望帮助下乡的青年学习知识，给他们买书送书，她还讲述了如何从华清宫大门这样一个小项目开始，一步步积累总结、思考实践。对于我们年轻一代而言，真实地感受老一代建筑前辈走过的路，那种冲击是很强烈的，崇敬之情油然而生。

　　后来在我的工作经历中，有很多印象深刻的画面：张总这样一位慈祥的老人，曾经在医院的病床上指导芙蓉园凤鸣九天剧院方案的修改；做西安行政中心的项目时，赵总（赵元超总建筑师）带领团队晚上在办公室里研究模型；秦总（秦峰总建筑师）将自己对于建筑创新的方法进行总结，讲述给我们青年建筑师；高总（高朝君副总建筑师）、吕总（吕成副总建筑师）、张冬总、王瑜总等许多经验丰富的建筑师、工程师们努力工作，对设计质量严格要求。

　　这些人、这些事，都让我在内心深处感受到：他们不管处于什么时期，无论是社会的动荡时期，还是改革开放后市场的冲击时期，都能默默地在建筑创作上坚守和传承。建筑师以设计作品回馈社会，如中国大运河博物馆、中央礼品文物管理中心、中国长城博物馆、黄帝陵轩辕殿、延安革命纪念馆等就是这样的作品。

　　中建西北院的建筑师们在不同时期都投身于国家建设，服务于国家发展的客观需要，将自身的创作热情融入各个时代的建筑作品中。由此我认为，作为建筑师、作为中建西北院的建筑师，应当始终传承服务国家社会发展的精神。前辈们始终将所有创作激情都奉献在国家的发展之中，这些感动着我，对于我们青年建筑师来说，在未来也依然要无怨无悔地创作下去！

　　这就是 70 岁的中建西北院，一代代人所拥有的精神和情怀带给我的最深切的感受。

张晶 （中建西北院青年建筑师）

我是从 2012 年读研究生时开始接触西北院的，那时我是赵元超总的研究生，现在算来也经历了西北院 70 年历程的 1/7。从我的视角来看，自己在西安上大学，并留在这座城市生活、工作，从最开始对这座城市朦胧的印象，到伴随着专业知识的学习，逐渐形成了自己对西安城市的认识。我们走在西安的大街小巷，拐个弯，走几步都会遇到西北院的设计作品。可以说西北院在西安过去城市发展过程中，几十年如一日，用无限的激情在西安这片热土上书写着它对建筑和城市的情怀，参与筑就了城市现在的整体风貌。西北院对于西安城市发展的贡献是巨大的。对于像我这样的青年建筑师来说，这是莫大的鼓舞。

对我们这些年轻建筑师而言，我们何其有幸，能够站在前辈们用情怀和奋斗为我们筑起的广阔平台上，去追求梦想，实现自己的人生价值。虽然我们目前接触的项目不算多，接受西北院文化熏陶的时间也不是很长，但我们也在通过所参与的设计持续向前辈、大师们学习，汲取力量，传承和发扬西北院精益求精的创作精神。由此我想，我们更重要的任务是在传承的基础上谋求创新，尤其让西安这座历史名城的文化遗产与现代城市建设更加和谐，使古城焕发出新时代下新的活力，这是我们重要的努力方向。

同时，我们应该以更广阔的视野，放眼全国，为不同地区的城市在新时期、新格局下健康发展注入我们的设计力量，也为西北院未来的发展做出我们应有的贡献。

王元舜 （中建西北院青年建筑师）

我的博士论文是围绕"设计机构建筑实践与城市发展之间影响"的相关内容展开研究的，因此整理了一些文献资料，在这里向各位专家、老总、同事汇报一下。

一个是关于前面秦总提出的西北院建筑设计的基因或称创作精神的问题。在对西北院 1952—2012 年 60 年间在西安的建筑实践的梳理与分析研究中，我将这种基因或称创作精神描述为"在个人建筑实践及群体建筑师实践中均可见的、具有较明确迭代和历史指向性特点的创新设计"。第一，这种创新设计既存在于个体建筑师的建筑实践中，也在群体建筑师实践和跨代际的建筑实践中有所体现。前者以张锦秋、赵元超总建筑师为代表。后者在"西北建筑设计公司"、20 世纪 50 年代建筑师、20 世纪 80—90 年代建筑师、屈培青工作室等群体的实践中都可以看到。例如，20 世纪 50 年代初，董大酉在主持当时的"西北人民体育场"（现在的陕西省体育场）项目时，将主体育场的中轴线置于用地北面唐荐福寺小雁塔的南北轴线之上。20 世纪 90 年代中期西北院在主持陕西省体

张晶　　　　　王元舜

育场改扩建工程时，提出了在原体育场基础上更新改造的方案。随后又在用地南部区域，对称规划设计了两栋高层塔楼，以塔楼之间的虚空间进一步强化了"小雁塔南北轴线—体育场中轴线"这一条跨越千年的"历史对话"轴线。第二，具有迭代特点。也就是当下的建筑实践是在之前实践积累之上的再创作。同时，当下的创作又成为下一次实践开展的基础。像20世纪50年代初董大酉主持设计的西安市委礼堂，是在其20世纪30年代设计的上海市政府大厦的基础上的再创新，同时又成为合作者洪青转变设计理念和设计手法、开辟新实践路径的基础。20世纪80年代初杨家闻在主持设计西安唐城宾馆时，一方面以开放的心态多方汲取同时期国内外高级宾馆的设计理念和手法，例如在借鉴建国饭店利用室外庭院组织空间理念的基础上，恰如其分地在室外庭院植入长安八景。另一方面，他又以开放的心态采纳院内其他建筑师的想法和建议。被杨家闻采纳的、由建筑师葛守信和吴乃申提出的核心筒部分的造型手法，成为之后葛守信以现代手法设计西安交通大学钱学森图书馆的火种（葛守信设计的西安交通大学图书馆被西安建筑科技大学刘克成称作西安第一个后现代建筑作品）和吴乃申设计西安美术学院教学主楼的立意原点。第三，这种创新有明确的历史指向性。在西北院70年众多建筑实践中，具有明确的历史指向性，明确的以多种不同方式对西安城市进行回应，是优秀典型建筑作品的共同特点。悠远的历史和厚重的文化总能从深处激发起今人内心与盛世长安的共鸣，也构成了这座城市市民的集体记忆。

另一个是关于西北院建院初期的一些信息。1951年年初，隶属交通部的中国交通建设企业总公司西北区公司（是1952年组建西北院的五家设计公司之一，庄俊先生当时任中国交通建设企业总公司总建筑师），以类似于今天工程总承包的方式，承接了西北军政委员会办公大楼（今西安人民大厦）的建设任务。时任西北区公司概预算主任科员的李守义前往上海，邀请好友洪青前往西安参与项目设计。1951年10月，洪青带领近30名技术人员到达西安加入中国交通建设企业总公司西北区公司，并作为项目主要设计人员领导主持项目设计。董大酉先生是在1951年中，接受北京永茂公司的聘请，出任永茂公司西北分公司总工程师一职。1951年年底，董大酉携家眷抵达西安，受到时任西安市高级领导到站迎接的礼遇，政府为其在西安药王洞安排一院大宅供其居住，还配有厨师、勤杂工和专车司机。据杨家闻先生回忆，洪青和董大酉两位先生在西北建筑设计公司共事时，彼此合作十分愉快。董先生通常会把控设计大思路和大原则，负责总体规划布局；洪先生则负责具体落实和对设计细节的把控，以及和各专业的协调工作。洪先生还经常协助年轻技术人员解决具体设计问题，帮助他们完善设计方案、绘制效果图等。1954年年底，董大酉先生调离西北院，洪青先生在随后的实践中，大体上延续了之前的设计风格和设计手法，并且对从上海调入西北院的华东院同事的设计理念产生了较大的影响。

毛宇帆

还有一点，是想谈一下对西北院未来建筑实践的认知与思考。

对建筑实践的探讨，特别是对区域性的、具有某些共同特点的建筑展开整体性、历史性分析研究的时候，背景和语境是首先需要被明确和前置的。其实，在开展建筑实践时，也需要建筑师对项目的背景和语境有较清晰的认知。通常情况下，全球化被认为是任何建筑实践都离不开的语境，而改革开放则构成了讨论中国现代城市建设变迁发展的背景。从总体来看，对西北院建筑实践的分析与思考，也可以基于上述背景、语境展开。

然而，还有一层背景和新语境自转入 21 世纪后，就以潜移默化、草蛇灰线的方式存在，并影响着西北院的建筑实践。自 21 世纪第一个十年之后，这一背景在西北院的建筑实践中逐步产生更大的影响。而随着"一带一路"倡议的提出和全方位践行，这一背景逐渐成为前景，终将成为西北院、西安、西部建筑实践中所不可忽视的基本语境。

西安的城市建设和建筑实践一直受到来自国内外的关注。作为世界四大文明古都、中国的十三朝古都，亦是中国国家中心城市和被国务院明确提出的三座国际化大都市之一，西安城市建设和建筑实践中遇到的问题和解决方法，能为学术界学习研究提供极有价值和意义的案例。当西安发展建设的作用、意义和影响力不再局限于国内时，当底层逻辑和生存方式发生系统性转变时，如何在更加开放的国内、国际市场环境中，"立足国情、走自己的路"，寻找、重新建构与历史

禀赋、自然禀赋、社会禀赋相适应的理论和技术措施，积极地、系统性地探索新语境下西北院、西安乃至西部新建筑实践的经验是值得思考的。

毛宇帆 （中建西北院青年建筑师）

我和在座的各位老总、同事相比就更属后辈了。我是 1994 年出生的，可以说是在学习各位老师创作的作品中成长的。作为一名年轻建筑师，我的最大感受是我们的任何一项创作都在不停地影响着城市的发展，而城市也会反过来会影响我们这些生活在其中的人。

以我为例，我之前就了解到西北院在西安城市之中有很多的作品，而在参与筹备"作品集"的这段时间，我才发现原来小时候放学路上经过的一个宾馆、经常去玩的一个公园都是西北院的作品，它们有些依然保留着我记忆中的样子，有些已经经历了更新，以另外的形式出现在城市环境中。可以说历史悠久的西北院在一定程度上塑造了我们对于这座城市的最初认知。

这种经历对于我们这些在这座城市中长大的孩子来说，会是一种更深刻的、更有传承性的记忆，这对于我的教育经历、成长经历来说也影响颇深。

我 2012 年开始读建筑学本科，在随后的研究生学习中，我选择了城市规划专业，跟随的导师所关注、研究的就是北京旧城，我当时就发现对旧城研究感兴趣的学生大都来自北京、天津、西安甚至泉州这种蕴含着古老基因的城市。这也是我认为城市在不停地影响着居住其中的人们的原因。

我们天然地生长于一座古城中，也在不断建设这座古老的城市，前辈们的作品像一棵大树，枝繁叶茂。对于即将走过 70 年历程的西北院来说，创造城市记忆就是我们一直在做而且有所成效的事情，也是需要去传承和发展的东西。而对于我们这些正在成长之中的建筑师而言，站在这个时间点上看向未来，我们希望传承我们城市的基因和记忆，以鲜活的、高品质的城市空间和建筑环境，为未来的人们去创造一些属于他

们的记忆，进而有可能去参与塑造人们的生活。我想这可能就是我们作为新一代的建筑师想要努力承担的责任。

赵元超

非常感谢大家丰富的发言，这为我们做好"作品集"提供了新的思路、资源和想法。我认为通过这次"作品集"的编撰，一定能有不同于以往的西北院设计历史被挖掘出来，从传承开始，到展望西北院今后的发展，精神也好，基因也好，这些无形的力量总能化为我们西北院建筑师们的创作动力与灵感源泉。

篇二

建筑作品介绍

纪念建筑
MEMORIAL BUILDINGS

黄帝陵祭祀大殿（院）

SACRIFICIAL HALL OF HUANGDI MAUSOLEUM

设计时间　　2002 年
建成时间　　2004 年
建筑面积　　13 350 m²
建设地点　　陕西省·延安市
项目获奖　　2004 年中国建筑学会建筑创作优秀奖
　　　　　　2008 年全国优秀工程勘察设计金奖
　　　　　　2008 年全国优秀工程勘察设计行业奖一等奖
　　　　　　2009 年中国建筑学会新中国成立 60 周年建筑创作大奖
　　　　　　2019 全国勘察设计行业庆祝新中国成立 70 周年系列推举活动优秀勘察设计项目

在苍茫的渭北高原上一路向北，有一处绿荫覆盖的宝山，山上古柏葱茏，山下曲水缭绕。这就是独具山川形胜的桥山和沮水。《史记》载："黄帝崩，葬桥山。"中华民族 5000 多年文明的始祖黄帝就葬在这块宝地上。

黄帝陵的保护和整修工作包含：整治、完善原轩辕庙，增建祭祀大殿、大院，完善周边交通系统，优化庙区周边环境。经过整修扩建后的轩辕庙占地 7.89 hm²，共分 3 个院——古柏院（原轩辕庙所在）、中院和祭祀大院。

古柏院南起庙区山门，北到"人文初祖殿"。院中有重要文物保护对象古柏 16 株，古碑 10 余通。中院与祭祀大院（黄帝陵轩辕庙祭祀大殿）占地 3.64 hm²，这是有史以来黄帝陵规模最大的修建工程，是一组大型国家级祭祀建筑。

根据国家批准的黄帝陵总体规划，项目定位在原轩辕庙以北，沿原庙

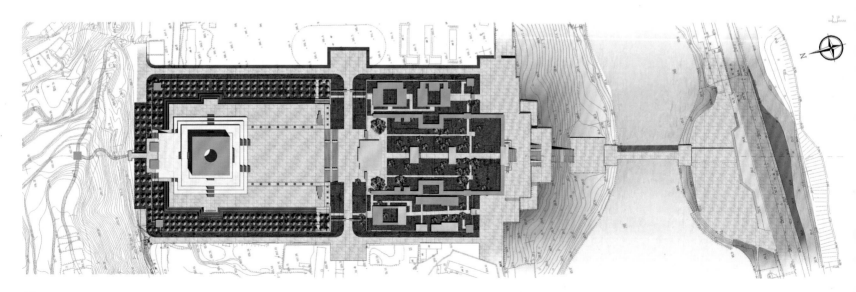

中轴线延展到凤凰岭山麓。此项工程是为适应新时期的祭祀要求而建设的，其设计特点可概括为"山水形胜、一脉相承、天圆地方、大象无形"这四组词。为了创造出雄伟、庄严、肃穆、古朴的氛围，突出中华儿女精神故乡的圣地感，规划设计从宏观上处理好项目与大环境山川形胜的关系，在格局上有鲜明的民族文化特征，在风格上与中国建筑传统一脉相承，同时又具有浓郁的新时代气息。

祭祀大院北端总高6m的3层石台上坐落着轩辕殿。它是举行高规格祭祀活动的重要场所，是黄帝陵标志性建筑之一。这座40m见方的石造大殿造型简洁、古朴、宏伟。由36根圆形石柱围合成方形空间，其上为巨型覆斗屋顶，顶中央有直径14m的圆形镂空。蓝天、白云、灿烂阳光直接映入殿内，四面青山透过列柱若隐若现，整个空间显得恢宏神圣又通透明朗。

黄帝陵祭祀大殿承担了每年清明时节的国家级大型公祭活动、全球华人的祭祖活动等。项目实现了保护和整修黄帝陵、弘扬中华文化、激励爱国热情、增添民族凝聚力的设计初衷。

桥山巍巍，沮水泱泱，凤岭苍翠，祭殿圆方，中华儿女，精神故乡。

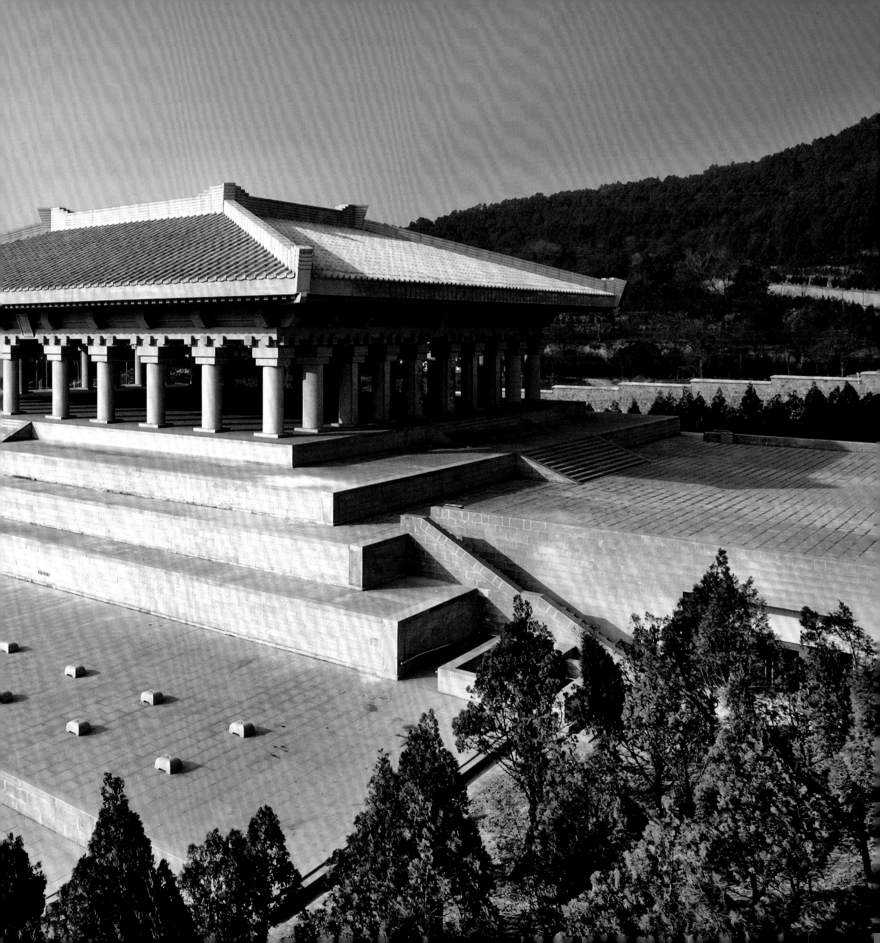

黄帝文化中心

HUANGDI CULTURAL CENTER

设计时间　2012 年
建成时间　2017 年
建筑面积　22 535 m²
建设地点　陕西省·延安市
项目获奖　2020 年陕西省优秀工程勘察设计奖一等奖
　　　　　2020 年中国建筑学会建筑设计奖（历史文化保护传承创新 -
　　　　　历史环境类）二等奖

黄帝文化中心是展示黄帝文化的大型全地下博物馆，建设地点位于黄帝陵庙区与 G210 国道之间，西面距黄帝陵庙区中轴线 390 m，南面是印池，北面是通向桥山黄帝陵冢的道路。

大象无形

黄帝文化中心建筑主体全部隐藏于地下，以建筑的"无形"强化黄帝陵桥山肃穆、静谧的整体圣地氛围。建筑顶板上设 2.5 m 厚覆土，密植松柏成林，与桥山 81.9 hm² 的古柏森林浑然一体，使桥山绵延的山形一直延伸至印池两岸，对轩辕庙形成环抱之势。

中华玉龙

黄帝文化中心的建筑设计以深藏土中的玉龙为构思之源，将 5000 年来流传的形体圆润、线条流畅的中华玉龙抽象为设计母题，并将其体现在建筑的平面、立面和内部空间设计之中，寓意黄帝是龙的化身，中华民族是龙的子孙。

大慈恩寺、玄奘三藏法师纪念院及大雁塔南广场

DACI'EN TEMPLE, MASTER MONK XUANZANG'S MEMORIAL HALL, SOUTH SQUARE OF DAYAN PAGODA

设 计 时 间　1993 年（规划）
　　　　　　1995 年（纪念院），2000 年（南广场）
建 成 时 间　2001 年
建 筑 面 积　4 748 m²（纪念院）
　　　　　　20 900 m²（南广场）
建 设 地 点　陕西省·西安市
项 目 获 奖　2002 年全国优秀勘察设计铜奖
　　　　　　2002 年陕西省优秀工程勘察设计一等奖
　　　　　　2002 年建设部优秀勘察工程设计二等奖

　　大慈恩寺为唐代皇家寺院，现仅存从山门至大雁塔的中轴建筑群。本规划以保护文物、完善功能、协调风格、增加绿地、优化环境为原则。全寺规划了中、东、西三路。塔体两侧规划为寺庙园林。塔北为相对独立的玄奘三藏法师纪念院。根据国家文物局的规定，塔南的新增建筑为明清风格，塔北的新增建筑取唐代风格。

　　玄奘三藏法师纪念院充分体现了盛唐建筑风格，取材于敦煌壁画中象征弥勒佛居住的兜率天宫，采用横列三院式的布局，三个庭院一主二次，浑然一体。

　　大雁塔南广场位于西安名刹大慈恩寺山门前，因寺内有唐代大雁塔，故得名。唐代大雁塔的首创人、世界文化名人玄奘的纪念像位于该广场的花岗石铺地之中心，两侧有绿化广场相映衬。

延安革命纪念馆

YAN'AN REVOLUTIONARY MEMORIAL HALL

设计时间	2006 年
建成时间	2009 年
建筑面积	29 870 m²
建设地点	陕西省·延安市
项目获奖	2011 年全国优秀工程勘察设计行业奖二等奖
	2011 年陕西省优秀工程勘察设计一等奖
	中国建筑学会建筑创作大奖（2009—2019）

延安革命纪念馆新馆选址在拆除的老馆（危房）基址处，沿着老馆与彩虹桥已形成的南北轴线布置，南侧为纪念广场，广场上布置毛泽东塑像，塑像前设长方形旱喷水池。建筑呈"冖"形布局，在体形上与周边林立的高层建筑形成对比，脱颖而出。其超长尺度所体现的张力和呈围合态势的控制力奠定了纪念馆在延安市区内实现标志性和纪念性的基础。在入口门廊与东西翼入口之间，有两片以毛泽东纪念铜像为圆心、半径 45 m 的圆弧形"窑洞墙"。券洞之间的墙壁前分立着革命时期工、农、兵、知、商等各界群众的塑像，以体现党中央具有的广泛的群众基础。

川陕革命根据地纪念馆

MEMORIAL HALL OF SICHUAN SHAANXI REVOLUTIONARY BASE

设计时间　2005 年
建成时间　2007 年
建筑面积　4 310 m²
建设地点　陕西省·汉中市
项目获奖　2006 年中国威海国际建筑设计大奖赛优秀奖
　　　　　2009 年中国建筑学会新中国成立 60 周年建筑创作大奖
　　　　　2011 年全国优秀工程勘察设计行业奖三等奖
　　　　　2011 年陕西省优秀工程勘察设计一等奖

　　该建筑与红寺湖风景区山水环境相协调，并与陕南地域文脉相匹配，采用类似"大地艺术"的手法，使建筑与环境融为一体，并采用建筑、雕塑、广场、景观、山水一体化的设计策略。建筑形象质朴、雄浑、庄重、大气，和山水环境一起体现出川陕革命历史的精神和气质，激发人们对革命先辈的缅怀。建筑设计以红星为母题，以红星纪念庭院为建筑的核心。纪念碑上部的红星则是环境的灵魂。本项目充分考虑环保、节能、生态影响，采用合理的技术手段，建设一流的展示空间。为强调地域性，纪念馆采用当地石材砌筑墙面，浑厚朴实，并与风景区格调相协调。屋面采用较成熟的种植屋面技术，使得建筑与山坡融为一体，同时具有很好的节能效果，且能节约运营费用。

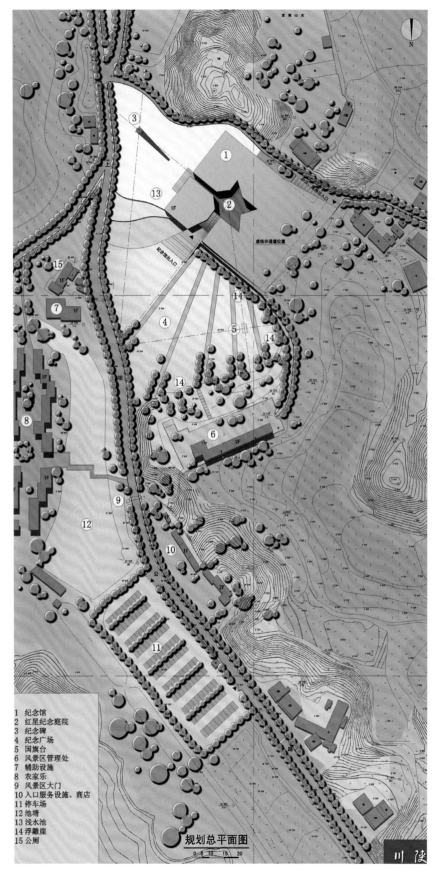

1 纪念馆
2 红星纪念庭院
3 纪念碑
4 纪念广场
5 国旗台
6 风景区管理处
7 辅助设施
8 农家乐
9 风景区大门
10 入口服务设施、商店
11 停车场
12 池塘
13 浅水池
14 浮雕崖
15 公厕

规划总平面图

0 5 10   15   20

川陕

照金红色文化旅游名镇及陕甘边革命根据地照金纪念馆

ZHAOJIN RED CULTUREAL TOURIST TOWN OF AND ZHAOJIN MEMORIAL HALL OF SHAANXI-GANSU BORDER REVOLUTIONARY BASE

设计时间　2012 年
建成时间　2013 年
建筑面积　137 016 m²
建设地点　陕西省·铜川市
项目获奖　2017 年全国优秀工程勘察设计行业奖二等奖
　　　　　2017 年陕西省优秀工程勘察设计一等奖

　　在照金镇的总体规划和单体设计中，纪念建筑和公共建筑层数以二至三层为主，纪念馆位于全镇东西文化轴线和南北纪念轴线中心点，是全镇建筑群的中心及地标建筑，定位为全镇的"红花"，而其他公共建筑和居住建筑为全镇的"绿叶"。

　　本项目主要通过打造美丽乡村小镇和建设陕甘边革命根据地爱国主义教育基地这两条主题轴线对照金红色旅游名镇进行整体规划及设计。整个小镇全部建筑从规划、材料、色彩、风格上做到了风貌统一并反映地域特色，是历史脉络传承的延续。

中国革命艺术家博物院 · 延安革命文艺纪念馆

CHINESE REVOLUTIONARY LITERATURE AND ART MUSEUM & YAN'AN REVOLUTIONARY LITERATURE AND ART MEMORIAL HALL

设计时间　2012 年
建成时间　2016 年
建筑面积　11 700 m²
建设地点　陕西省 · 延安市

延安鲁迅艺术学院（延安鲁艺）是抗日战争时期中国共产党在延安创办的培养革命文艺大军的一所著名学校，"七七事变"之后，延安成为热血中华儿女向往的圣地，各地文艺青年纷纷奔赴延安，成为鲁艺学员。在领导人的关怀之下，在周扬、何其芳、陈荒煤等艺术大家的培养

下，鲁艺学员成长为无产阶级的文艺战士，不仅在抗战期间创作了大量脍炙人口的文艺作品，他们中的大多数还成了新中国的文艺中坚，引领着中国文艺前进的方向。

规划概念　本规划在对鲁艺学院旧址以及中共六届六中全会的会址

进行保护的基础上，确定了"一轴四区"的总体布局，形成了中国革命艺术家博物院、延安鲁迅艺术文学院旧址，及周边景区和建筑单体规划设计方案。整个项目占地 27.4 hm²，其中一轴指以旧址上的天主教堂、教堂前广场及其延伸段形成的整个景区的中轴线，作为文艺复兴之路。在中轴线的核心位置，围绕教堂和鲁艺学院旧址形成核心保护区；核心保护区西侧山体有 8 处窑洞遗址，围绕这 8 处窑洞遗址，形成西山美术实践体验基地；核心保护区及新区南北路东侧的山体上有 20 处窑洞遗址，围绕这 20 处窑洞遗址，形成东山名人博物馆群。

建筑单体 以天主教堂和鲁艺学院教室为核心保护区，核心保护区占地 6.7 hm²，本项目对核心保护区内的教堂及 1~7 号窑洞建筑进行保护性修复，同时恢复教堂前的黄土地面及大踏步（踏步已经被现状地面覆盖），对核心保护区内的环境景观进行整治，力求真实重现当年的风貌。

在核心保护区的北段，规划设计一座延安革命文艺纪念馆，总建筑面积 11 700 m²。建筑风格充分汲取延安现代优秀建筑的元素，如延安革命历史博物馆、延安干部学院、延安火车站等上的元素，将拱形窗、柱廊等符号运用其中，采用与鲁艺老教室相同的石材作为外墙材料，将新建建筑融入原有的环境中。建筑采用中轴对称的形式，方形轮廓环抱一个圆形的广场，整座建筑与景区的轴线有 45° 的夹角，将从核心保护区前来的游客引入圆形广场，再引入建筑内部，在有限的用地里形成丰富的建筑空间层次。

中共中央西北局纪念馆

MEMORIAL HALL OF THE NORTHWEST BUREAU OF THE CENTRAL COMMITTEE OF THE COMMUNIST PARTY OF CHINA

设计时间　2012 年
建成时间　2013 年
建筑面积　9 088.6 m²
建设地点　陕西省·西安市

本纪念馆工程位于延安南桥西侧山腰。为了保护好、传承好这些革命旧址，延安市人民政府决定对西北局纪念馆革命旧址进行维修。由于所在山地的特殊地势，本案采用因地制宜、依山而建、错落有致、与地形紧密结合的设计理念。纪念馆需要体现出一种生生不息的精神和危急苦难中坚持斗争的延安精神。

回顾历史，砥砺前行

根据西北局那主要被划分为三部分的历史，该建筑采用三段式；中部设计成七孔窑洞式柱廊，七孔窑洞寓意着西北局在革命斗争史中具有承前启后、继往开来的光辉历程。13 个一组的台阶象征党中央在延安的 13 年，墙面内嵌的群雕突显着集体的智慧。

宏观规划，注重细节

　　该方案以延安精神和地域性为出发点，以人本化为落脚点，在营造空间氛围和塑造政治类纪念性标志建筑物等方面做了深入调查和仔细研究，由此创造出具有延安风格的现代建筑。

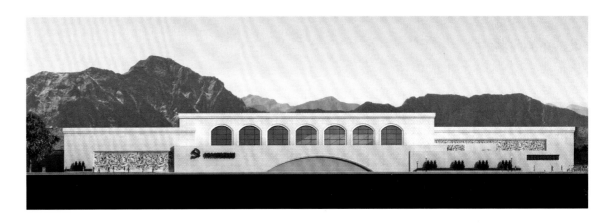

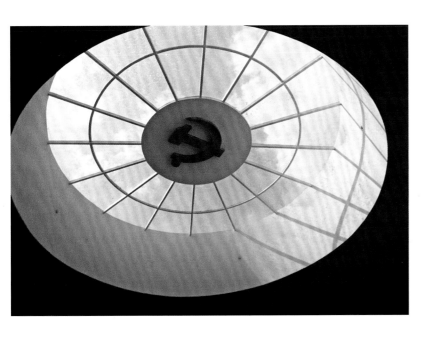

楼观台道教文化展示区

LOUGUANTAI TAOIST CULTURAL EXHIBITION AREA

设计时间   2010 年
建成时间   2012 年
建筑面积   21 000 m²
建设地点   陕西省·西安市

楼观台位于陕西省西安市周至县东南 15 km 的终南山北麓。此处峰峦叠嶂，松柏成荫，有老子说经台、宗圣宫、老子墓、秦始皇庙、汉武帝望仙宫、大秦寺塔以及炼丹炉、吕祖洞、上善池等 60 余处古迹，且依山带水，风景优美，号称"天下第一福地"。

项目选址于周至楼观台老子说经台古迹的中轴线上，北起环山路，南依老子说经台，地理位置得天独厚。景区总占地面积约 47 万 m²。

总建筑面积为 1.875 3 万 m²，南北轴线长达 1 400 m，东西宽约 240 m，共有大小殿宇 26 座。项目设计在整体规划构思上遵从九进院落、十座殿堂的最高道教布局规制；在建筑形态上采用金顶朱墙、等级分明的理念，烘托道教文化的整体氛围；在总体规划构思上采用"经一至九、九九道成"的原则，紧扣道教文化主题。

在总体布局上，用道教中的文化概念设计核心空间序列。设计充分结合地形，使总体布局成为"一条轴线、九进院落、十大殿堂"的格局，以太清门、上清门、玉清门三段划分轴线，形成道教"三清圣境"。楼观台正山门、太清门、上清门、玉清门及三清殿将中轴线划分为六段。在设计上，方案既尊重道教宫观形制的基本原则，又满足现代道教人士的需求，同时符合现代旅游的需求，形成综合性的旅游景区。所谓"台观巍峨，水山灵秀"，问道于此，五千言鸿论可闻，八万里仙踪可追，呈现给世人一幅博大厚重的精神画卷。

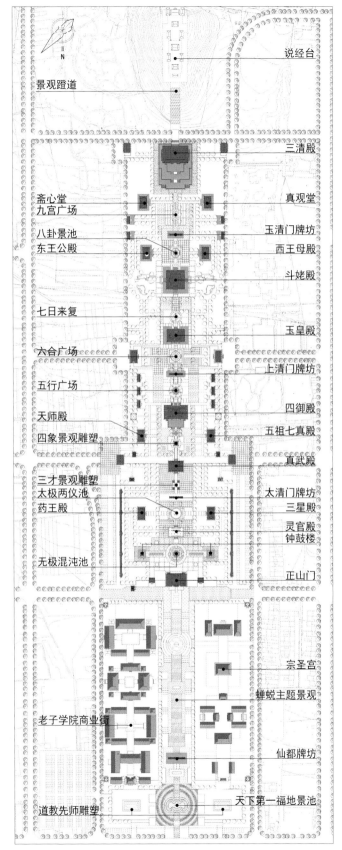

景观蹬道
说经台
三清殿
斋心堂
九宫广场
真观堂
八卦景池
玉清门牌坊
东王公殿
西王母殿
斗姥殿
七日来复
玉皇殿
六合广场
上清门牌坊
五行广场
四御殿
天师殿
五祖七真殿
四象景观雕塑
真武殿
三才景观雕塑
太极两仪池
太清门牌坊
药王殿
三星殿
灵官殿
钟鼓楼
无极混沌池
正山门
宗圣宫
蝉蜕主题景观
老子学院商业街
仙都牌坊
道教先师雕塑
天下第一福地景池

总平面图

汉皇祖陵规划和设计项目

PLANNING AND DESIGN OF THE MAUSOLEUM OF THE EMPEROR OF HAN DYNASTY

设计时间　2012 年
建成时间　2015 年
建筑面积　14 065 m²
建设地点　江苏省·徐州市

　　丰县位于江苏省西北部，隶属江苏省徐州市，处于苏、鲁、豫、皖四省交界之地，古称丰邑，历史悠久、资源富集，是汉高祖刘邦的家乡，也是刘邦的曾祖父刘清的墓冢所在地。项目南接321 省道，北临白银河，景区南北主轴线上依次设计有五德广场、汉源大道、大风广场、汉文化博物馆、祖陵大道、祖陵广场、神道、山门、祭祀大殿、寝殿、封土、汉里祠等广场及建筑。

　　规划布局采用"前庙后陵、引水聚气"等理念；在景观塑造上，将基地条件与五行星象相结合，理水堆山，诠释汉"德"。在单体风格上，色彩以黑、白、灰为主，粉墙黛瓦，朴实无华，充分体现了汉代建筑的朴拙与大美。其中，汉文化博物馆为汉文化体验区的核心建筑，两层台阶上托刘邦雕像，成为入口阙门之后的对景。台基内部作为汉代文化展览区，外立面以沙岩色夯土为主要元素，局部点缀青铜纹样，凸显汉代建

筑风格的大美与拙朴。

作为祖陵祭祀区核心建筑的祭祀大殿，以上大下小的"斗"形面向苍穹，以最简洁的几何形体形成最大的震撼力。主体结构为钢结构，外墙材料为仿夯土肌理的混凝土装饰挂板，素雅工整，又不失华丽。大殿顶部为圆形露天设计，体现了"天圆地方""天人合一"的设计思想，既

有传统古建筑的风格韵味，又运用了现代建筑营造技术，气势宏伟，庄严、古朴、肃穆，仿佛一个抽象的祭祀礼器，成为游人心中挥之不去的精神符号。该项目是以汉文化展示为目的，集根祖祭祀拜谒、楚汉文化体验于一体的文化旅游景区，兼具汉代文化展示与汉皇祖陵祭祀双重文化功能。

2011 西安世界园艺博览会天人长安塔

CHANG'AN HUMAN IN NATURE TOWER OF XI'AN INTERNATIONAL HORTICULTURAL EXPOSITION 2011

设计时间　2009 年
建成时间　2011 年
建筑面积　14 065 m²
建设地点　陕西省·西安市
项目获奖　2013 年中国建筑学会建筑创作金奖
　　　　　2017 年全国优秀工程勘察设计行业奖一等奖
　　　　　2017 年华筑奖一等奖
　　　　　中国建筑学会建筑创作大奖（2009—2019）
　　　　　2019 全国勘察设计行业庆祝新中国成立 70 周年系列推举活动优秀勘察设计项目

　　天人长安塔是 2011 年西安世界园艺博览会兴建的四大标志性建筑之一，位于世园会中轴线上。全塔采用可循环钢框架结构，外装修全部为亚光银灰色合金钢板，节能环保。屋顶及所有挑檐均采用净白夹层玻璃，与外围同质的玻璃幕墙共同形成节能、透明度高的水晶塔效果。塔身逐层收分，以每层挑檐上面有一层平座的做法，形成七明六暗共十三层的体量，为登高远眺创造条件。塔心筒四壁绘有一组菩提树林曲根至顶的油画，贯通各层，喻意智慧、吉祥、绿色、长安。天人长安塔完美展现了"天人长安、创意自然"的理念，具有传统神韵、现代风骨，与其他三座标志性建筑形成和谐统一的整体，成为古都西安新时代的文化地标。

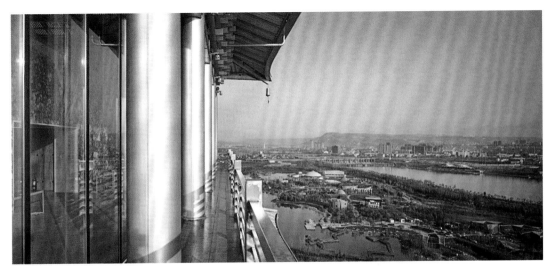

遗址保护
HERITAGE PROTECTION

华清池九龙汤及御汤遗址博物馆

JIULONG AND IMPERIAL HOT SPRING SITE MUSEUM OF HUAQING POOL

设计时间　1959 年（九龙汤），1990 年（御汤）
建成时间　1959 年（九龙汤），1990 年（御汤）
建筑规模　占地 104 000 m²（九龙汤遗址博物馆），占地 4 200 m²（御汤遗址博物馆），建筑面积 1 178 m²（御汤遗址博物馆）
建设地点　陕西省·西安市

华清池位于西安临潼区骊山北麓，建于唐代华清宫故址上，南依骊山，北临渭水，东距西安 30 km。其自周幽王修建骊宫至唐代几经营建，先后建有骊山汤、离宫、温泉宫。李隆基诏令环山列宫殿，宫周筑罗城，赐其名华清宫，亦名华清池。后安史之乱，建筑残存无几。1949 年后，华清池依照唐代形制几经扩建，始具现今规模。

御汤遗址博物馆是一组保护和展示华清宫的博物馆。遗址总占地

4 200 m²，其地平低于现华清宫游览地平 15~24 m。设计者有意保留这一地形高差，以反映历史变迁之巨大。每个展厅覆盖一个汤池遗址。建筑的形制亦根据遗址上留存的柱基础而定，呈唐代风格。通过每个展厅的剖面设计，设计团队妥善安排了汤池遗址，并参照平台和室外台基标高的关系，从总体上组织了高低错落、系统完整的参观流线，在华清池中也形成了足具历史文化风情的景观建筑。

华清宫文化广场

CULTURAL PLAZA OF HUAQING PALACE

设计时间　2012 年
建成时间　2013 年
建筑面积　37 170 m²
建设地点　陕西省·西安市
项目获奖　2015 年陕西省优秀城乡规划设计一等奖
　　　　　2016 年全国优秀城乡规划设计三等奖

　　华清宫文化广场又名大唐华清城，依托骊山、华清宫、唐昭应城遗址等文化资源和文化遗存，实现了"山、水、宫、城"一体化，形成了"三轴一心一带两翼"的总体格局。其中"三轴"指以唐华清宫宫殿群相对应的轴线形成的春寒赐浴、霓裳羽衣、温泉铭三个文化主题广场；"一心"指以长恨歌大型主题雕塑为核心的下沉式演艺广场；"一带"指东西横亘，长约843 m，南北宽约232 m 的唐昭应城遗址保护景观带；"两翼"

指与地下商业群连为一体的地上东西两大商业街区。

　　华清宫文化广场的规划设计以保护"城 – 宫 – 苑"的唐代城市空间格局为原则，优化华清宫与骊山风景区北麓的生态文明环境、历史文化环境和旅游服务环境，为临潼区市民提供生态化、人文化、现代化的休闲广场。

法门寺工程

PROJECT OF FAMEN TEMPLE

设计时间	1988 年
建成时间	2002 年
建筑面积	16 000 m²
建设地点	陕西省·宝鸡市
项目获奖	1991 年陕西省优秀工程勘察设计二等奖
	2009 年中国建筑学会新中国成立 60 周年建筑创作大奖

法门寺自古以珍藏释迦牟尼真身舍利于宝塔中而著称，因年代久远，寺衰塔倾。1987 年，工程人员在修复倒塌的法门寺真身宝塔时，发现塔下地宫内藏佛指舍利等珍贵文物，法门寺工程由此而起。该工程对原有寺院进行整修、扩建，同时建造法门寺博物馆，形成了东、中、西三院的大型寺院建筑综合体。法门寺工程体现的是盛唐皇家寺院风貌。主殿大雄宝殿位于宝塔之北、中院中轴线上，庑殿屋顶，斗拱宏大，出檐深远，回廊环绕，取得了庄严凝重的效果。东院八角攒尖的千佛阁与西院四角攒尖的珍宝阁遥相呼应。三个院区建筑高低错落，宝塔高耸，庄严而不失活泼。建筑形体变化灵活，群体轮廓丰富。整个工程建筑采用青灰瓦、红梁柱、灰白墙，不施彩画，风格古朴典雅、庄重大方。

大唐芙蓉园
TANG PARADISE

设计时间	2003 年
建成时间	2005 年
建筑面积	87 120 m²
建设地点	陕西省 · 西安市
项目获奖	2005 年度建设部优秀城市规划设计一等奖
	2008 年全国优秀工程勘察设计银奖
	2008 年全国优秀工程勘察设计行业奖一等奖
	2009 年中国建筑学会新中国成立 60 周年建筑创作大奖
	2019 全国勘察设计行业新中国成立 70 周年系列推举活动优秀勘察设计项目

大唐芙蓉园位于大雁塔东南 500 m 处，选址于唐代曲江皇家园林芙蓉园遗址以北，是一项以唐文化为内涵，以古典皇家园林格局为载体，因借曲江山水、演绎盛唐名园、服务当代的大型主题公园。规划结合地形现状采用了盛唐苑囿山水格局：南部冈峦起伏、溪河环绕；北部湖池坦荡、水阔天高。建筑布局体现了皇家园林明确的轴线及对应对位关系，主从有序，层次分明。设计方案以自然景观为背景，以建筑为核心，配置景点或景区。全园有四大功能区，共 40 多个项目，相互因借，成景得景。建筑风格取法唐代，形象丰富，兼有宫廷建筑的礼制文化和园林建筑的艺术追求。

曲江池遗址公园

QUJIANGCHI RUINS PARK

设计时间　2007 年
建成时间　2008 年
建筑面积　583 600 m²
建设地点　陕西省·西安市

　　曲江池自秦汉以来即是以山水自然风光著称的游览胜地，到唐代又经疏浚、整流达到鼎盛。曲江池分南北两部分。北部在唐城墙以内，先期已建成"大唐芙蓉园"。为恢复生态，向市民提供开放式休闲场所，西安市启动了曲江池遗址公园项目。公园北接大唐芙蓉园，南临秦二世陵遗址，东与寒窑相通。设计依托周边丰富的旅游文化资源，根据考古部门提供的池体边界确定池形，再现曲江地区"青林重复，绿水弥漫"的山水人文格局；构建集生态环境重建、观光休闲服务功能于一体的综合性城市生态文化休闲区。根据唐诗对曲江池诗情画意的描述，设计团队设计了曲江亭、疏林人家、芦荡栈道、柳堤、祈雨亭、阅江楼、云韶居、荷廊、畅观楼、江滩跌水十大景点。建筑为民间的唐代风格，不设斗拱，基调是木色、灰瓦、白墙，建筑形式力求朴实、明朗。

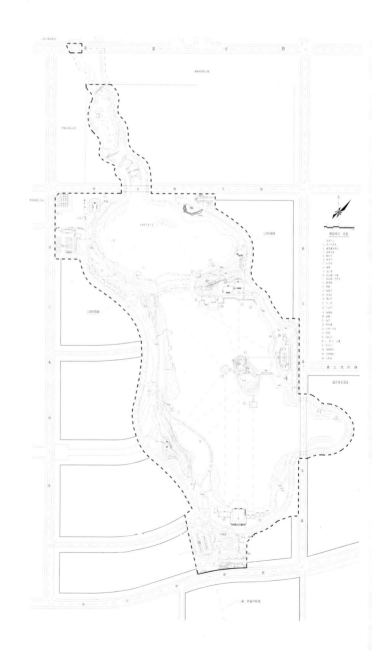

西安兴庆宫公园

XINGQING PALACE PARK IN XI'AN

设计时间　　1958 年
建成时间　　1958 年
建筑面积　　70 000 m²
建设地点　　陕西省·西安市

　　西安兴庆宫公园是西安第一座大型遗址公园，兼有历史文化和现代园林双重价值。设计团队发掘唐勤政务本楼遗址，将柱础等遗存完整保存于遗址之上；按传统建筑形式，修建了沉香亭、花萼相辉楼、南薰阁以及仿古的茶楼、餐厅，将昔日的重檐、瓦顶、挑角、高台、雕梁画栋再现于各景区。各景点或近湖傍水，或隐现于林冠花间，上接于蓝天白云，垂影于浩渺碧波。

　　公园以湖为主体，水系延伸至各景点，断处通桥，湖中有岛，园中花卉成片，密荫如盖，苍松翠柏，绿柳疏竹，绿茵递延，藤木攀绕，满园深绿，处处芬芳，犹如昔日诗人笔下的"名花倾国两相欢""沉香亭北倚阑杆""花萼楼前春正浓，柳絮舞晴空"等景象跃于眼前。

　　兴庆宫公园于 2021 年完成整体提升改造。

唐大明宫丹凤门遗址博物馆

DANFENG PORTAL SITE MUSEUM OF DAMING PALACE OF TANG DYNASTY

设计时间　2009 年
建成时间　2010 年
建筑面积　114 740 m²
建设地点　陕西省·西安市
项目获奖　2011 年中国建筑学会建筑创作佳作奖
　　　　　中国建筑学会建筑创作大奖（2009—2019）

　　唐大明宫为唐长安城中的政治文化中心，始建于唐贞观八年(634 年)，毁于唐天佑元年(904 年)。大明宫在总体布局、建筑艺术和建造技术等方面的高度成就使其成为中国乃至东亚地区的宫殿建筑的巅峰之作。

　　丹凤门是大明宫的正南门，是在唐高宗龙朔二年(662 年)大明宫大规模扩修时开筑的。2005 年，考古发掘出丹凤门遗址墩台，其规模之大、门道之宽、马道之长均为目前隋唐城门考古之最。同时丹凤门与唐大雁塔遥相呼应，也构成了唐长安城的重要景观轴，强化了唐都城的景观特色。

　　鉴于唐大明宫的历史地位及丹凤门在大明宫、唐长安城和现代西安城市中的重要位置，规划设计使遗址保护和展示工程为人们提供一个联系历史和现代，能引发观众联想，使该博物馆尽量贴近唐丹凤门形象的标志性建筑。

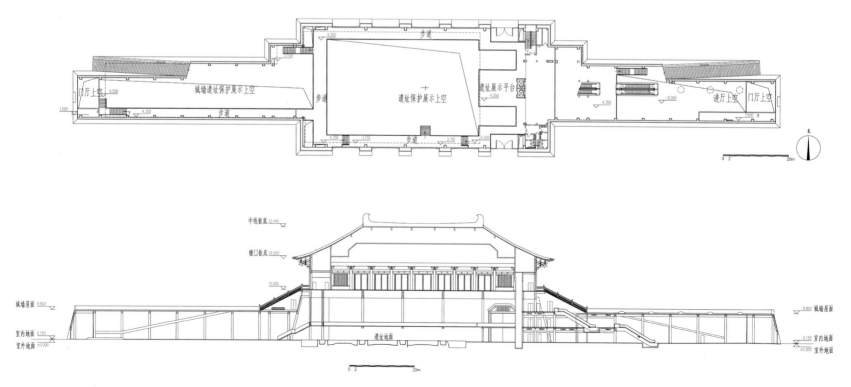

遗址的保护与展示

为保护遗址的原真性与完整性，保护建筑不仅对遗址进行全覆盖，且工程构件在平面位置上均保证距离遗址本体（含城台与城墙地基）外沿不小于 60 cm。设计着意展示丹凤门的宏伟规模，为参观者提供方便的、多方位的、多视角的参观步道。

建筑艺术的设计理念

丹凤门遗址博物馆在保证保护、展示等基本功能的基础上，其艺术形象又承担起沟通历史与未来、增进唐代宫殿与现代城市的融合的任务。其建筑造型尽量贴近唐丹凤门的建筑特色和风采，在城市空间中成为标志性形象，引发人们对历史的联想；在建筑内能登高，可北望大明宫遗址群及园区景色，南眺现代西安的繁华景象。

博物馆建筑方案设计

1. 尺度问题

设计没有简单地采用将推理方案按比例放大的方法。科学地决定门楼开间，也就保证了门楼部分的尺寸与推理设计相同。设计在符合唐代城门规制的前提下仅做了一些技术性调整，保证了博物馆建筑应有的造型特色和气势。

2. 可逆性和环保节能

为了展示建筑的现代性和可逆性，设计采用了大跨度全钢结构。作为主展厅的城台与城墙部分，全封闭的外围护墙采用了预制大型人造板材，壁板的外表分别呈现城砖和夯土墙的肌理，同时充分考虑屋面及外墙的节能设计。

3. 色彩的抽象化

建筑从上到下全部为淡棕黄色，近于黄土色彩，为的是使这座建筑在体现唐代皇宫正门的形制、尺度、造型特色和宏伟端庄风格的同时，又使其成为一个现代创作的标志。设计团队对色彩进行高度抽象，赋予这座遗址保护展示建筑以明显的现代感，使其如一座巨型雕塑。

沣东文化广场及东里西里商业广场

FENGDONG CULTURAL PLAZA AND DONGLI-XILI COMMERCIAL PLAZA

设计时间　2014 年
建成时间　2018 年
建筑面积　66 633 m²
建设地点　陕西省·西安市
项目获奖　2020 年陕西省优秀工程勘察设计奖—等奖

　　本项目总体空间布局遵循规划中的阿房宫遗址主轴线呈基本对称形态，并在场地中部轴线位置设置沣东文化广场作为城市开放空间，采用"虚无"的形式营造纪念性场所，与路北侧阿房宫前殿遗址广场南北呼应。广场中心以电致调光玻璃构成抽象的"鼎"，象征秦天下一统，周围以 6 组不同的九宫格式景观表现六国文化，漫步其间，横扫六合的主题得以体现。

　　东里西里商业广场通过地面逐层下沉有效解决了商业空间层高需求与 8 m 限高的矛盾，并由此带来了丰富的、多层次的商业空间。建筑形式以青砖及多种新材料展示传统建筑意蕴，并以严整的棋盘式布局与秦汉高台建筑产生关联。

鲁甸县抗震纪念馆及地震遗址公园

EARTHQUAKE MEMORIAL MUSEUM & EARTHQUAKE RELIC PARK IN LUDIAN COUNTY

设计时间　2016 年
建成时间　2021 年
建筑面积　5 369 m²
建设地点　云南省·昭通市
项目获奖　2017 年中国威海国际建筑设计大奖赛优秀奖
　　　　　2020 年陕西省优秀工程勘察设计奖一等奖
　　　　　2020 年中国建筑学会建筑设计奖三等奖

本项目在规划层面上将公园、纪念馆、地震遗址有机结合，整体布局形成了"宁静－破裂－重生－追思"序列的四大主题，环环相扣。地震遗址公园结合游客服务中心，合理划分前区，形成具有指向性的流线空间。纪念馆不再是"孤掌难鸣"，而成了整个规划序列中的一个环节。地震遗址公园作为流线的终点和制高点，将整个序列推向高潮。

整个设计的主题是地震纪念，建筑设计为表现大地裂变，将建筑的一部分插入地形中，整体采用三角形的布局方式，外墙材质采用当地石材，整体上形成了建筑破土而出之势。纪念馆如同大地错动所自然形成的景观，给人震撼感受的同时并不显得突兀。屋面的屋顶绿化也与周围环境结合，最大限度地削弱了建筑对周边环境造成的影响。

阿倍仲麻吕纪念碑

MONUMENT TO ABENO NAKAMARO

设计时间 1978 年
建成时间 1979 年
建筑规模 占地 3 000 m²，碑高 5.36 m
建设地点 陕西省·西安市
项目获奖 国家建工总局优秀工程奖
　　　　2019 年入选第四批中国 20 世纪建筑遗产项目

1979 年，为了纪念 8 世纪在中国留学并终老长安的中日文化交流使者阿倍仲麻吕（中国名"晁衡"），在环境优美的兴庆宫公园内建立了阿倍仲麻吕纪念碑。该碑采用了脱胎于义慈惠柱和唐石灯的方形石造纪念柱。柱头刻有象征中日友好的梅花和樱花。柱身做"卷杀"处理，刻有晁衡的《望乡》和李白的《哭晁卿衡》。柱基础四周栏板刻有日本遣唐使船的浮雕。该纪念碑远望有优美的纪念柱造型，近观有耐人寻味的诗文碑刻，并衬以优雅宜人的环境。

青龙寺重建规划及空海纪念碑院

RECONSTRUCTION PLANNING OF QINGLONG TEMPLE & KONGHAI MONUMENT YARD

设计时间　　1001 年
建成时间　　1982 年
建筑面积　　422 m²
建设地点　　陕西省·西安市
项目获奖　　2019 年第四批中国 20 世纪建筑遗产名录

青龙寺盛于唐代中期。当时有不少外国僧人在此学习，尤其是日本僧侣，著名的"入唐八大家"中的六家——日本的空海、圆行、圆仁、惠运、圆珍、宗叡就受法于此。尤其是空海（号弘法大师）拜密宗大师惠果为师，学习密宗真谛，后回日本成为开创"东密"的大师。因此青龙寺是日本人心目中的圣寺，是日本佛教真言宗的祖庭。

北宋元祐元年（1086 年），青龙寺被毁，地面建筑荡然无存，渐不为人知晓。1963 年，中国对其进行考古调查发掘，1982 年在其原址上做出青龙寺重建规划。空海纪念碑是此规划的第一期工程。建筑格局设计从总体入手，相地立基，得体合宜。环境景观设计因塬就势，成景得景，引人联想。考虑到纪念的人物和选址的历史文化背景，建筑形式着意仿唐，力求法式严谨、风格纯正。

西安渼陂湖文化生态旅游区

XI'AN MEI BEI LAKE CULTURAL AND ECOLOGICAL TOURISM AREA

设计时间   2017 年
建成时间   2020 年
规划面积   8.85 km²
建筑面积   8 543 m²
建设地点   陕西省·西安市

    西安渼陂湖文化生态旅游区位于鄠邑区西侧，地属长安八水之一的涝河流域，历史悠久，古迹众多。渼陂湖声名始于周秦而盛于汉唐。渼陂湖区域南倚秦岭，稻田环绕，环境优美，交通便利。

    渼陂湖文化生态旅游区概念规划以现有渼陂湖体为依托，按照"山水林田湖一体化"的思路，遵循"八水润长安"的历史文化内涵，实现"三修复一统筹"，即水系修复、生态修复、文化修复和城乡统筹。按照 AAAAA 景区的标准，渼陂湖被打造成最具原乡风貌的文化生态旅游区。

总体规划

结合基地现状和人文历史，规划从总体上构成了"一核、一轴、两廊、多节点"的空间格局。一核是以渼陂湖为中心的文化景观核。一轴是由渼陂湖水体构成的空间轴。两廊是体现关中乡野之美的民俗体验廊和表现渼陂文化之韵的休闲度假廊。多节点以渼陂湖文化为脉络，结合现代旅游产业功能而设定，其中主要人文建筑节点有紫烟阁、空翠堂、渼陂书院、云溪寺、云溪精舍、云溪塔、宜春观、宜春汉苑、莨阳宫、农民艺术村、渼庄等；自然景观节点有空翠野烟、渼陂泛舟、庙桥倒影、河湾雪涛、绣沟春禊、玉蟾稻塍、莲波镜月等。

功能分区

结合规划结构和场地地形地貌，融汇渼陂文化生态景观特色，整个基地划分为儿童娱乐区、运动疗养区、颐养康体区、文化艺术体验、文创艺术商业区、水生态体验区、蜜月度假区、生态休闲区、户外拓展露营区。规划区内现状村庄被改造为与其所处功能区相符的风貌，突出农民艺术文化、水镇文化、酒文化、荷塘文化、渔文化等主题。

文化建筑
CULTURAL BUILDINGS

国家图书馆

NATIONAL LIBRARY

设计时间　　1975 年（合作设计）
建成时间　　1987 年
建筑面积　　140 000 m²
建设地点　　北京市
项目获奖　　1988 年北京 80 年代十大建筑之一
　　　　　　1989 年建设部优秀设计一等奖
　　　　　　1990 年全国优秀工程勘察设计金奖
　　　　　　2009 年中国建筑学会新中国成立 60 周年建筑创作大奖

　　国家图书馆建筑采用对称、严谨、高书库、低阅览、馆园结合、协调和谐的布局，富有中华民族及文化传统特色，并吸收中国庭院的设计手法，布置了三个内院。院中种植花木，再现自然。主馆平面布置合理，简化借阅流程，实行开架借阅，方便读者，提高图书的使用率。大部分阅览区有良好的自然通风和天然采光，以节约能源。

陕西省图书馆·美术馆

SHAANXI PROVINCIAL LIBRARY & ART MUSEUM

设计时间　1995 年
建成时间　2001 年
建筑面积　41 250 m² （图书馆），10 712 m² （美术馆）
建设地点　陕西省·西安市
项目获奖　2003 年陕西省优秀工程勘察设计一等奖
　　　　　2003 年建设部优秀勘察工程设计二等奖
　　　　　2004 年全国优秀工程勘察设计铜奖
　　　　　2009 年中国建筑学会新中国成立 60 周年建筑创作大奖入围奖

　　陕西省图书馆、美术馆建成于 2001 年，位于西安市长安路。建设基地高出城市道路 4 ～ 5 m，是现存不多的唐长安城内六道高地之一。为尊重历史地貌、创造有地方特色的环境，图书馆位于高坡上，美术馆则嵌于高坡脚下，形成错落有致的总体布局。

　　图书馆具有现代化的功能，通过柱网、层高、荷载的三统一，实现了适应布局变化的灵活性，借、阅、藏、展合一，可对外开放的报告厅、多

功能厅、展厅、自习室、多媒体教室等的设置具有开放性，计算机网络系统及楼宇管理、综合布线、消防报警等监控系统体现了智能性。图书馆在建筑艺术上对古今中外的风格兼收并蓄。

美术馆为直径 60 m 的圆形建筑。中心部位为四层通高的雕塑大厅，周围有开敞的展廊、尺度各异的展厅等。

在彰显由于功能不同而个性不同的同时，两座建筑通过采用相同的色彩与弧面、拱窗等处理方式及山坡顶上广场的设置，在观感上和功能上成为有机整体。图书馆、美术馆在建筑艺术方面努力探索现代建筑的地域化。图书馆的屋顶槽部、空廊的柱头以及开窗的形式，美术馆的浮雕及传统席纹的面砖肌理都展示出文化建筑的品位和精致。整体建筑既充满现代建筑的生机和活力，又具有中国文化传统的韵味。凡此种种，使两座体形、个性相异的建筑在对比中取得协调，和谐共生在唐长安城的土坡上下。

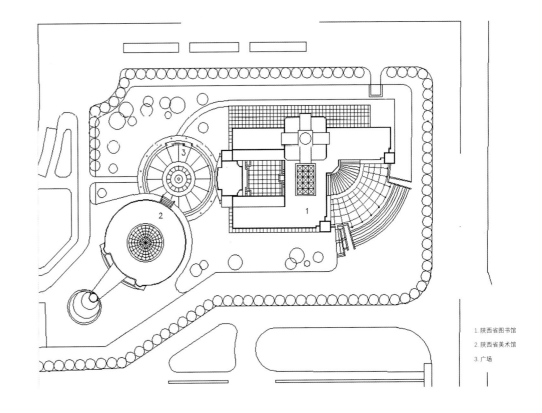

1. 陕西省图书馆
2. 陕西省美术馆
3. 广场

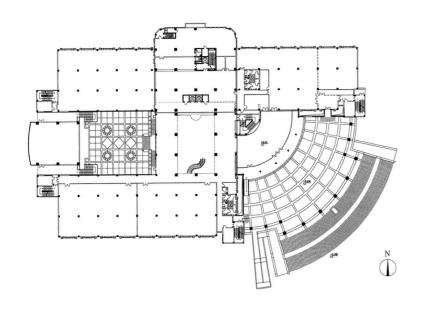

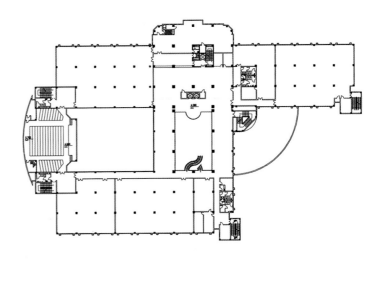

陕西省图书馆（新馆）

SHAANXI PROVINCE LIBRARY (NEW LIBRARY)

设计时间　2015 年
建成时间　2022 年
建筑面积　84 000 m²
建设地点　陕西省·西安市

陕西省图书馆（新馆）位于高新区软件新城核心地带，交通便利，周围遍布高新科技产业园区。同时，场地处于周秦汉历史文化景观风貌带周边，周代丰镐遗址、汉代昆明池、秦代阿房宫遗址四周环绕。

基地东侧有著名的丰惠渠由南向北流过，与云水公园隔渠相望，北侧与一条规划中的约 100 m 宽的城市绿带相邻，环境优美，文化氛围浓厚。周边高楼林立、现代开放，图书馆则掩映在一片城市森林之中。

项目场地周边为大量的高层建筑，但是图书馆建筑与周边有足够的

退让距离，使整体城市空间收放适宜。图书馆与城市道路间种植有高大的灌木，其形成"书院"与现代城市之间的屏障，从城市走进图书馆，犹如穿越喧嚣的现代文明进入一方知识的净土。

陕西省图书馆（新馆）主要室内空间沿着一条中轴展开，形成"入口通道 - 序厅 - 门厅 - 阅览大厅 - 阅览室"的空间序列。空间整体上以阅览大厅为核心，东西向的退台设置使中庭采光顶洒下的阳光不受遮挡地进入最北侧的阅览室，同时形成层层错落的阅览氛围。

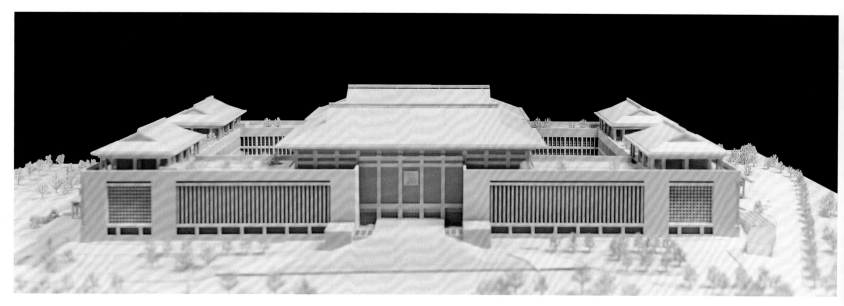

贾平凹文化艺术馆

JIA PINGWA CULTURE AND ART MUSEUM

设计时间　2011 年
建成时间　2014 年
建筑面积　4 622 m²
建设地点　陕西省·西安市
项目获奖　2015 年陕西省优秀工程勘察设计一等奖
　　　　　2017—2018 年度中国建筑学会建筑设计银奖
　　　　　2019 年全国优秀工程勘察设计行业奖一等奖

贾平凹文化艺术馆方案的整体风格以贾平凹朴实、内敛的性格为切入点，以他文学作品中所体现出的文化冲突为设计理念，用简洁、硬朗、大气的外部造型与富于变化的内部空间语汇，讲述贾平凹的人格魅力，使观者充分感受到他作品中对变革的乡村与城市的思考，以及对文化转型中传统与现代的碰撞、融合的深刻发问。建筑在形体上利用实体与庭院空间的虚实对比，建筑实体之间的旋转、交叉和重叠形成特殊的形态，营造出建筑的空间张力与紧张感。

展览馆内部空间围绕中心庭院展开，此处是整座建筑的中心，也象征

了贾平凹坚守的精神家园。设计方案利用环绕庭院的参观流线设计，慢慢地讲述着他"追寻"的过程，使观者一步步融入他的创作历程中，不知不觉与作品中作者对乡村文化的追寻与重建，变革之中文化的碰撞与思考形成共鸣。建筑外立面采用充满质朴感的混凝土为主材料，以传统关中民居常用的灰黄色为底打磨，使整座建筑充满历史的厚重感，同时又透露出时代的气息。

整个方案通过建筑实体的相互穿插，实现内部与外部空间的相互渗透与交错。从立有传统民居宅门的庭院空间进入，从围绕刻有贾平凹历来文

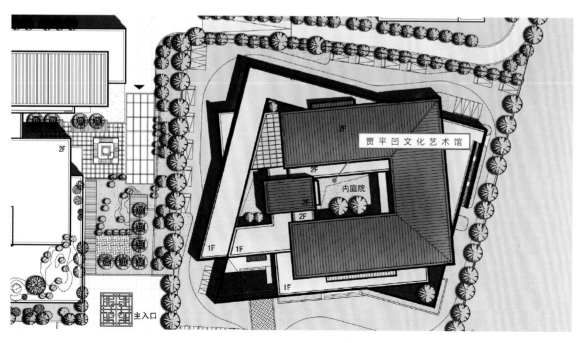

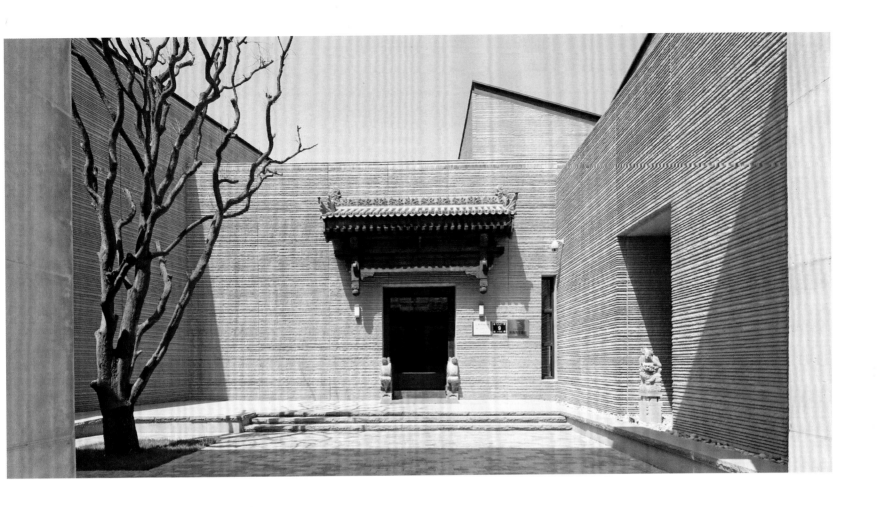

学作品的浮雕墙走出，游览的过程，就是欣赏他文学艺术的过程。这充满传统印记与时代碰撞感的建筑空间，既是我们对过往的一种缅怀，也引发着我们对未来的思考。

　　建筑整体风格端庄大气，通过简洁的外形巧妙地与周边环境和而不同。本方案以丑石为概念，旨在以粗糙的外形映衬出建筑内部纯净的空间。外立面上不规则的开窗形式营造出的粗犷感受，与游人进入建筑内部后对场所的丰富体验形成鲜明对比，能够进一步使人体验到贾平凹的人格魅力及创作风格。建筑外立面采用粗糙却又不失特色的清水混凝土为主材料，利用建筑体块间的缝隙营造出犀利的切割感，将建筑的内部空间含蓄地展露出来。

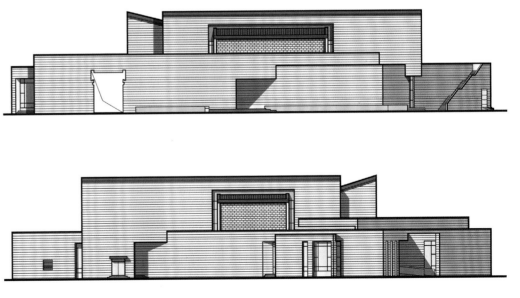

西安市长安书院

XI'AN CHANG'AN ACADEMY

设计时间　2020 年
建成时间　在建
建筑面积　146 000 m²
建设地点　陕西省·西安市

长安书院项目位于浐灞生态区核心区域,东临灞河,正对奥体中心,是 2021 年全运会的重要配套项目。长安书院与奥体中心一文一武,构成西安新时代的文体中心。其规划总用地面积约 11 万 m²。总建筑面积为 14.6 万 m²,功能分别为图书馆、美术馆、艺术品交易中心、精品书店和体验馆等。

建筑以线性方式展开,顺应场地,如同大地书法,形体一气呵成。建筑与开阔的水岸相连,以谦逊的态度对景全运会主场馆,并与文化中心和周边环境取得平衡。从城市维度上,其形态和长安云、长安乐能很

好地统一协调，在中轴线上呈现出较好的统领性，与奥体中心共同形成均衡、稳定的关系。

作为新时期的文化地标，长安书院的设计集传统和现代于一体。建筑形体提取中国传统建筑屋面之"反宇向阳"的符号，将一片连续、完整的翘曲屋面轻柔地平展于灞河岸边。屋檐的起翘变化赋予建筑灵动性，仿如《诗经·小雅》中所述的"如鸟斯革，如翚斯飞"。舒展的屋面又如一本翻开的书，紧扣"长安书院"项目设计主题，也为灞河水岸平添了几许文化气息。

南阳市博物馆、图书馆、群众艺术馆及大剧院

NANYANG MUSEUM, LIBRARY, PUBLIC ART CENTER & THEATER

设计时间　2018 年
建成时间　2020 年
建筑面积　144 858 m²
建设地点　河南省 · 南阳市
项目获奖　2021 年河南省优秀勘察设计奖一等奖

　　该项目包括南阳大剧院、南阳博物馆、南阳图书馆和南阳群众艺术馆，布置在被城市主干道光武路分隔开的两个大的地块内。设计将建筑尽量靠近白河布置，沿着南侧城市道路留出城市公共空间，并且设置建筑主入口，形成具有仪式感的入口空间序列。入口通过抬升的平台进入，体现出汉代高台建筑的特点。每组建筑中间形成开放的公共空间，北侧白河景观渗入用地内部，与城市总体规划相一致。

　　博物馆、图书馆整体建筑体现历史文化，建筑通过连续环绕的展厅逐层盘旋而上，体现出历史的演变。在建筑造型方面，黑色的金属穿孔板塑造出的形

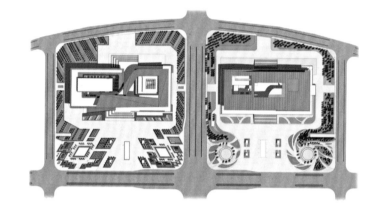

体沿着博物馆外围由地面开始层层环绕而上，一直延伸至屋顶，最终跨过图书馆的顶部，向西侧突然转折，体现出厚重有力且充满动感的建筑形态，以硬朗的形态体现出汉文化的气概。

大剧院与群众艺术馆总体布局与博物馆、图书馆相对称，屋顶从剧院南侧的平台开始，沿着剧院的外墙环绕而上，最后成为一个整体的屋面，将剧院与群众艺术馆两部分功能统一在一个整体的大屋顶之下，与博物馆在形态构成手法上相一致。大剧院包含一大一小两个观演厅，通过连续的前厅连接，提供开阔的室内公共空间。群众艺术馆包含南侧的展览空间与北侧的活动空间，展览空间提供开敞灵活的展览场地，活动空间所有房间围绕着一个具有亲和力尺度的中庭，营造出舒适、温馨的室内空间。

渭南市中心西片区多功能馆项目

MULTIFUNCTIONAL PAVILION PROJECT IN THE WEST AREA OF WEINAN CITY CENTER

设计时间　2018 年
建成时间　在建
建筑面积　77 583 m²
建设地点　陕西省·渭南市

　　渭南市中心西片区多功能馆位于渭南市临渭区的中心片区，项目东侧紧临六泉路，与城市综合服务中心隔路相望，西侧靠近城市主干道渭清路，南侧紧临文艺街，北侧紧挨规划的城市广场。本项目为复合型文化设施，建筑具有高度综合的特点，涵盖展示、阅览、观演、教育、管理办公等众多功能。设计以节约建筑空间、减少占地面积、提高土地的使用率、改善建筑综合体的内部环境为目标。

　　多功能馆是中型科技馆、乙级档案馆、中型图书馆、青少年宫、妇幼活动中心、会议中心、集中办公空间等多种功能相结合的大型公共建筑。建筑设计提炼传统民居"方院""聚落"的概念，并将其运用到建筑总体规划布局中；提炼华山、秦岭中"山石"这一概念，将其运用到建筑空间、造型设计之中；汲取"奇险天下第一山"的文化底蕴和华山绵亘起伏的造型意象；运用现代的建筑表达手法化繁为简，营造一个充满活力并具有渭南地域特色的城市文化新地标。

神木杨家城游客服务中心及景区前区设计

DESIGN OF TOURIST SERVICE CENTER & FRONT AREA OF SHENMU YANGJIACHENG SCENIC SPOT

设计时间　2020 年
建成时间　在建
建筑面积　4 030 m²
建设地点　陕西省·榆林市

项目用地位于杨家城景区山口处，场地地形较为复杂，平坦区域仅有两块，分别位于长约 200 m、高差约 36 m 的台地两端。方案根据场地条件，将这两块区域分别布置为入口广场和游客服务中心。

首先，在空间上，建筑体量采用最简洁的方形相互嵌套，中庭为圆形平面，大厅四周的圆形洞口使内部空间与外部空间连接。简洁的几何形体产生亘古的稳定感。

其次是视线，不同的空间节点通过洞口借景历史建筑烽火台。游客中心所在台地在南侧与东侧临空，西南、东北、东南侧沟壑深远，具有良好的视野，建筑流线上均设置空间节点，游客可远眺特有的自然景观。

最后是建造，建筑墙面采用当地石材砌筑，使建筑给人从山梁上生长出来之感。

马家窑文化研究展示中心

RESEARCH AND EXHIBITION CENTER OF MAJIAYAO CULTURE

设计时间　2020 年
建成时间　在建
建筑面积　8 774 m²
建设地点　甘肃省·定西市

　　基地位于甘肃省定西市临洮县城西侧，东临洮河，西靠黄土塬，总用地面积约 394 万 m²，用地被中间的电渠划分成两块，东侧为文化广场用地，西侧为展示中心用地。项目大部分场地平整，仅西侧边界处有一土坎，土坎上下高差 9 m，西侧道路与场地内高差为 11 m。

　　本项目主要包含四大板块功能：文化展示中心、文化体验中心、研究

交流中心和产业孵化中心。文化展示、文化体验、产业孵化等公共活动功能布置在建筑东侧临近主入口处，沿顺时针流线依次排开，文化研究交流中心功能及设备布置在场地内侧，设备用房布置在一层，文化研究区及库区布置在二层，并形成独立的内向院落，可满足研究人员的日常工作、生活需求。各个功能区均设置独立出入口，可独立经营、管理，互不干扰。

空间叙事

设计团队提升格局，拔高视角，将时空概念引入设计中，利用场地条件形成"现代－原始""原始－未来"的时间体验线。人们进入场地时面向黄土塬，回溯沧海桑田的历史变迁，离开场地时面向城市，展望日新月异的发展变化，形成戏剧化的时空穿越体验感，同时消除场地轴线过长带来的枯燥乏味感。

返璞归真

项目摒弃修饰，回归本真，让观者脱离纷繁复杂的现代科技元素，回归到最质朴、自然的原始社会背景中，将目光投射到最原始的黄土、水、阳光等自然元素上。项目通过古拙的形体、自由的流线、质朴的材料以"盘泥筑器"的方式与马家窑文化产生深层共鸣。

场所共情

项目深入内里，直击心灵，通过空间、材料、景观等语言塑造不同氛围的精神空间，表达现世与历史的疏离反差、时空的反转跨越、历史的苍茫孤寂及人们对未来的期盼希冀等，形成丰富跌宕的情感体验。

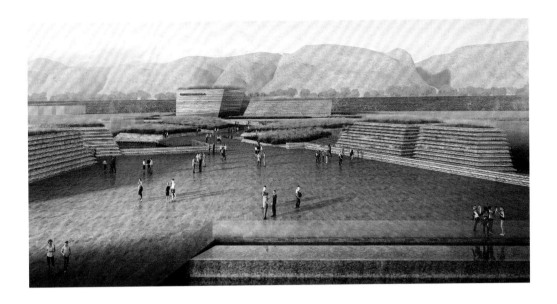

沣西文化公园

FENG'XI CULTURAL PARK

设计时间　2019 年
建成时间　在建
建筑面积　102 908 m²
建设地点　陕西省·西安市

　　沣西文化公园项目位于沣西新城核心区范围内，西临翱翔小镇，北接中心绿廊，南临丝路欢乐世界。整个片区以立体公园、地景建筑的方式将公园和城市融为一体，其中包括一个公共文化馆、一个公共图书馆和两个360°旋转剧场。整个园区设置中心水景、屋顶花园、交流花园、休闲平台、屋顶剧场、林荫草坡、阳光草坪、演艺广场、户外剧场等多个景观节点。项目的建设能丰富本片区市民的文化生活、改善市民的休闲体验，吸引沣西新城及西咸地区文化资源，打造区域综合休闲文化高地。

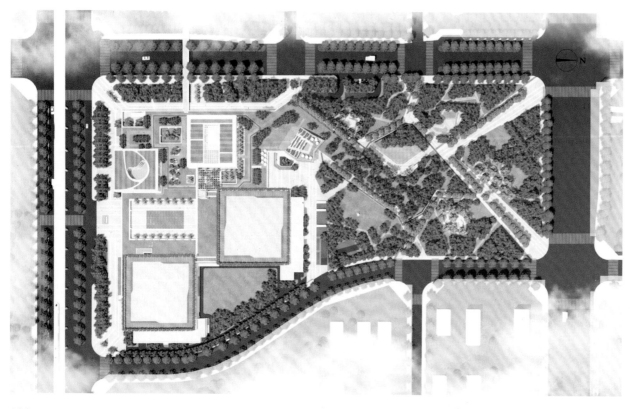

布局形态：传承文脉，顺应肌理

城市中的空间格局、建筑风貌等传承着城市文化，体现着城市地域特色，因此，在城市中新建的文化公园应尽量保持城市原有肌理和格局，妥善传承和发扬传统地域风貌。

空间秩序：匍匐大地，错落叠合

建筑主要功能集中布置在一层，最大限度地减少对公园的压迫感。一层屋顶花园上是被抬高的植被，既修复了生态公园的绿化界面，又是视野极佳的观景台。局部凸出的建筑体量退到屋顶花园后，犹如几个雕塑，强调建筑的分量感，也增加了整座建筑的空间层次。

建筑风格：虚实结合，朴素典雅

剧场部分采用装饰混凝土砌块材料，参数化设计的表皮为巨大单一的立面带来些许灵动的气息。混凝土和玻璃幕墙大实大虚，通过有机的组合设计体现建筑的特色。建筑色彩主要采用青灰色调，由公园绿植衬托，更显内敛、质朴。

公共空间：整体协调，以人为本

沣西文化公园在设计中加强绿色空间的亲和性、开放性与可达性，提高开放空间的利用程度，提升交往空间的人本品质，从而营造和谐的文化交流空间。

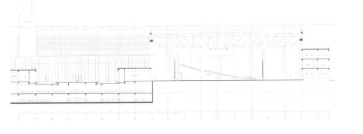

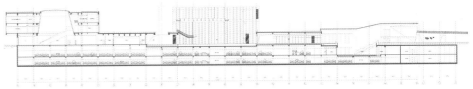

大地原点

GEODETIC ORIGIN

设 计 时 间　　1978 年
建 成 时 间　　1980 年
建 筑 面 积　　500 m²
建 设 地 点　　陕西省·咸阳市

1975 年，国家为解决中国原有坐标体系大地原点定位在苏联列宁格勒所带来的诸多问题，决定将"中华人民共和国大地原点"选点在陕西泾阳。1978 年，西北院配合完成大地原点工程的建筑设计。项目包括主体建筑、中心标志、仪器台、投影台 4 部分。主体建筑为地下一层，地上 7 层，高 25.8 m，总建筑面积 500 m²。2008 年其被列为第五批陕西省文物保护单位。

中国科学院中智中心·中国南天天文台

SINO-CHILEAN CENTER OF CHINESE ACADEMY OF SCIENCES CHINA SOUTHERN OBSERVATORY

设计时间　2017 年
建成时间　在建
建筑面积　23 460 m²
建设地点　智利

　　中国南天天文台位于智利温塔罗尼斯地区，台址北距智利首都圣地亚哥约 1 200 km，距安托法加斯塔市约 100 km，海拔约 2 900 m。中国南天天文台将被建成一个天文研究综合基地，利用其优秀的台址环境和先进的观测设备为我国开展南半球前沿天文观测研究和天文技术方法研究提供有利条件，提升中国天文观察研究水平并惠及智利和其他国家的天文研究人员。

　　用地范围内，地形东、西、南侧海拔高，西北侧较低，因此建筑群整体呈向西北开口的"簸箕"形。通过对《VTRS 台站建设基本要求》的分析及类似设施的考察研究，项目布局分为望远镜观测区域、工作生活支撑区域及科普教育平台三大区域。建筑形象构思来源于陨石坑、月球环形山的形态及中国福建土楼的空间样式，将天体意象与东方文化结合在一起，形成独特的建筑造型。

喀麦隆文化宫

CULTURAL PALACE IN CAMERON

设计时间　　1974 年
建成时间　　1981 年
建筑面积　　30 790 m²
建设地点　　喀麦隆

　　喀麦隆文化宫是 20 世纪 70 年代中国援外建设重要工程之一。1974 年，由西北院设计的方案从竞赛中脱颖而出，作为最终呈报中央的三个候选方案之一，并最终中选。喀麦隆位于非洲中部，属热带气候。项目位于喀麦隆首都雅温得北部恩孔卡那山丘之上。作为国家级文化建筑，项目规划布局不强求中轴线和对称构图，建筑依山而建，造型简洁、方正、大气。总建筑面积 30 790 m²，于 1981 年 10 月竣工，21 世纪初又进行了改建。

圣多美和普林西比人民宫

PEOPLE'S PALACE OF SAO TOMÉ AND PRÍNCIPE

设计时间　1985 年
建成时间　1988 年
建筑面积　8 200 m²
建设地点　圣多美和普林西比

　　圣多美和普林西比是位于非洲几内亚湾的岛国，1975 年独立，同年与中国建立外交关系。圣多美和普林西比的气候属于热带雨林气候，日照强烈。人民宫是 20 世纪七八十年代中国政府援外重要工程，总建筑面积 8 200 m²，包括会议、展览、宴会、办公等多种功能。项目设计采取与当地气候相适宜的设计理念和建筑布局，利用温差形成自然通风，以花格窗、纵向遮阳板等围合出半室外的多用途空间，在有限的投资之下营造出最为适宜的建筑使用空间。项目于 1988 年 7 月建成投入使用。

西安城市展示中心（长安云）

XI'AN CITY EXHIBITION CENTER (CHANG'AN YUN)

设计时间　　2020 年
建成时间　　2022 年
建筑面积　　168 000 m²
建设地点　　陕西省·西安市

西安城市展示中心位于西安港务区灞河沿岸。设计团队通过整合城市资源，将城市的多心聚力形成区域辐射之势，联动打造大西安新中心。立意上，城市展示中心作为奥体中心周边重点配套建筑之一，位于奥体中轴一侧，坐落于灞河沿岸。其方案造型动感，简洁大气；设计以统一的手法与周边的建筑和环境协调统一。建筑犹如漂浮在水岸上空的一朵星云，谓为"长安云"。建筑以地脉视角对骊山进行映射，底层错落有致的台塬式基座与大地景观交融，以山水文脉的概念重塑场地的氛围。

在功能上，规划展示馆与科技馆两馆合一，架空连桥紧密衔接北馆科技馆和南馆规划馆。项目对规划展示、科学博览、科学启蒙、科技体验等复合功能进行精心策划，有机融合。建筑与周边功能产生联动，构建综合性城市展示中心，打造奥体辐射圈。

在形态上，该项目整体体量大，外观创意给结构技术带来较大的挑战，如何实现 65 m 悬挑段以及 150 m 架空连桥成为本项目的重点研究课题。建筑形体流畅自由，大气舒展，如何通过参数化设计优化非线性形体，使幕墙与建筑主体有机融合，如何对幕墙分板细节深化、优化等也成为本案的难点以及亮点。

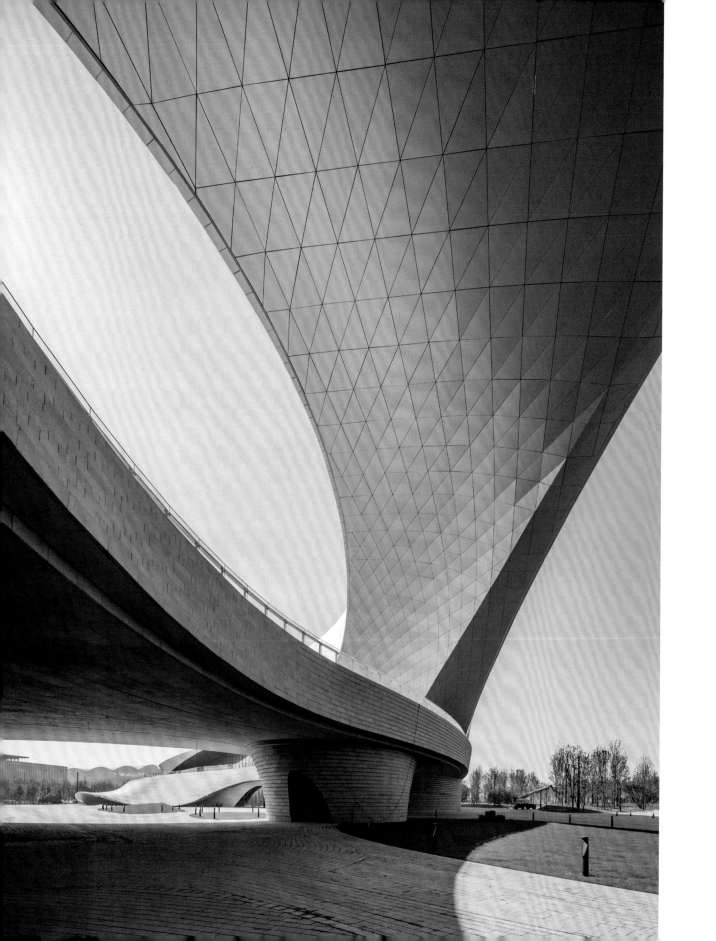

博物馆
MUSEUM BUILDINGS

陕西历史博物馆

SHAANXI HISTORY MUSEUM

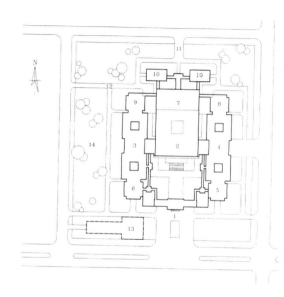

设计时间	1983 年
建成时间	1991 年
建筑面积	55 600 m²
建设地点	陕西省·西安市
项目获奖	1993 年建设部优秀设计二等奖
	2009 年中国建筑学会新中国成立 60 周年建筑创作大奖
	2016 年首批中国 20 世纪建筑遗产名录
	2019 全国勘察设计行业新中国成立 70 周年优秀勘察设计项目

陕西历史博物馆是中国第一座拥有现代化设施的大型国家级博物馆，占地 65 000 m²，为"中央殿堂，四隅崇楼"的唐代风格建筑群。它汇集了陕西文化精华，展现了中华文明的发展过程，古朴典雅，别具特色，既反映十三朝古都的气势，又兼收并蓄传统园林和民居的设计手法，采用黑、白、灰等淡雅的色调，创造了一个庄严、质朴、宏伟、具有浓郁传统文化气氛的现代空间环境。

中国大运河博物馆

CHINA GRAND CANAL MUSEUM

设计时间　2019 年
建成时间　2021 年
建筑面积　79 374 m²
建设地点　江苏省·扬州市

　　中国大运河博物馆位于扬州古城南面三湾湿地公园以北，西临隋唐古运河。大运河上"三湾抵一坝"是古代水工智慧的重要历史遗存。三湾上下河段历史遗迹、人文景观有文峰塔、天中塔等。

　　设计着重处理好建筑与大运河河道的关系——馆体临近南北向运河河道，并与之平行；尊重现有三湾公园规划——馆体设在第一湾湿地公园以北、公园主路与剪影桥的通达处；馆旁建塔，提供可俯瞰三湾水工智慧的地点；处理好馆、塔、桥的构成关系，使之四面成景。

　　中国大运河博物馆在建筑风格上力求体现：运河上标志性建筑之稳健，有机生成；古城历史文化风貌之传承，淡雅清新；现代扬州之创新，与时俱进。

中央礼品文物管理中心

GIFT AND CULTURAL RELICS MANAGEMENT CENTER OF CPC

设计时间　2018 年
建成时间　2021 年
建筑面积　67 800 m²
建设地点　北京市

　　中央礼品文物管理中心位于首都中央政务区内、祈年大街与西兴隆街西北角，与天坛毗邻相望。其占地约 2.8 万 m²，总建筑面积 6.78 万 m²，地上 4 层，地下 4 层。项目集文物馆藏、文物研究、陈列展示、外事活动和爱国教育为一体，是一座综合性文博建筑。

　　项目整体布局紧凑集约，"88 工程"由主楼、附属楼和四合院文保建筑三部分组成，整个建筑群主次分明、高低错落。项目多种功能融合，流线复杂多样，用地紧张，同时统筹考虑用地内名木古树与文保四合院。场地南侧以门房作为围墙对空间内外进行分隔；东侧沿祈年大街以栅栏墙进行围合，既能满足安全性要求，又能使建筑适当开放，与城市关系更加友好；西侧结合文保四合院，以青砖实墙进行围合，沿用地红线形成逐层退让的退台关系，从城市界面来看，墙体更加灵活，层次更加丰富。

　　主楼设计采用集约的方形重檐廊式构形，传承了中华人民共和国成立以来共和国传统建筑的范式，同时也吸收了西方古典建筑的特点，中西合璧，古今交融。温润如玉的白色石材体现了中国彬彬有礼、君子坦荡的大国形象，包容和合的建筑语言反映礼仪天下的大国胸怀。设计继承了中西方千年传统文化，表现出经典、简约、时尚的特色。

陕西考古博物馆

SHAANXI ARCHAEOLOGICAL MUSEUM

设计时间　2014 年
建成时间　2022 年
建筑面积　36 160 m²
建设地点　陕西省·西安市

陕西考古博物馆位于规划中的常宁新城的规划区内。根据常宁新城总体规划，该博物馆规划定位是保护和发扬古长安城南人居文化及宗教文化的传统文化展示区，西安南部凸显历史文化、山水文化、生态文明与宜居、宜业、环境相融合的现代山水田园新城。

规划用地自汉时为皇家上林苑，自唐以后为寺庙和私家园林别业的集中建设地点，区域内有草堂寺、净业寺、古观音禅寺、牛头寺、华严寺、兴教寺、香积寺等唐代著名寺院。设计充分考虑与常宁新城的规划理念相协调，并着眼于以园林式的唐风建筑突出陕西的人文历史特色，形成布局合理、功能完善的现代博物馆和科研机构。

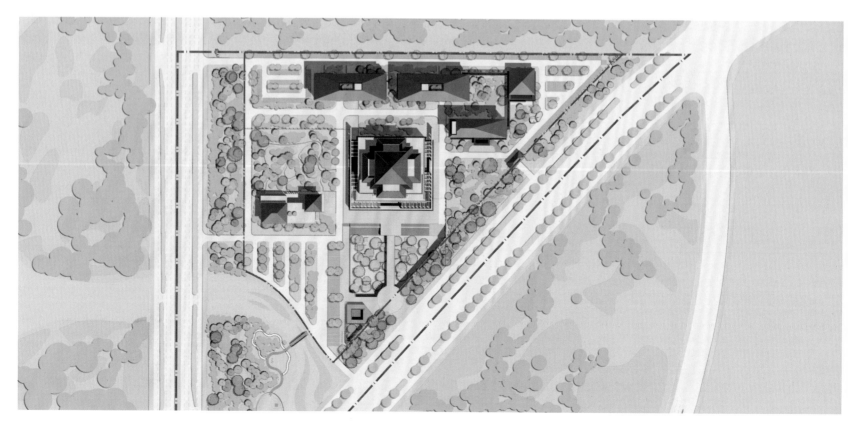

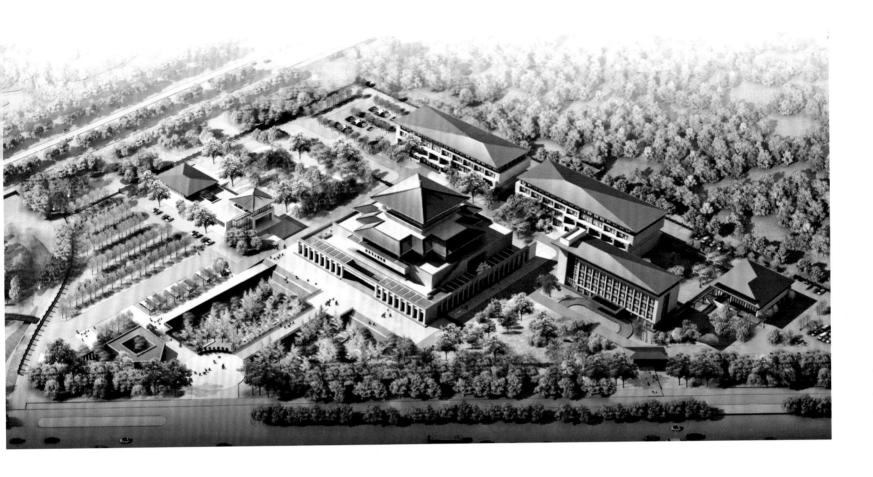

陕西省自然博物馆

SHAANXI NATURAL MUSEUM

设计时间　2001 年
建成时间　2008 年
建筑面积　15 670 m²
建设地点　陕西省·西安市
项目获奖　2008 年中国建筑学会建筑创作佳作奖
　　　　　2009 年陕西省优秀工程勘察设计一等奖

陕西省自然博物馆的设计理念是让新建筑消失，做一个没有"形式"的建筑，突出原有电视塔，并形成开放的城市公共空间。设计以电视塔为中心，做一椭圆形构图，保护了原有的地貌，并以此为中心连接电视塔南北的自然展馆和科学馆。这一形状不仅呼应了菱形的城市广场，也表现了生命的诞生，突出了自然博物馆的主题。月牙形的自然展馆以楔形嵌入高地，坡向电视塔；科学馆及辅助部分利用地形高差做成单层与高地相连。

科学馆内的穹幕影厅以透明的球体突出大地，象征着自然界"日月同辉"的永恒。建筑立面在这里成为地形的一部分，建筑的屋顶则是城市的广场和绿化用地。整座建筑像从地面上生长出来的，充分利用自然光的独特的造型手段形成了丰富、奇妙的室内空间，突出了自然博物馆特有的空间特色。2020 年在保持原貌的前提下，博物馆得到扩建。

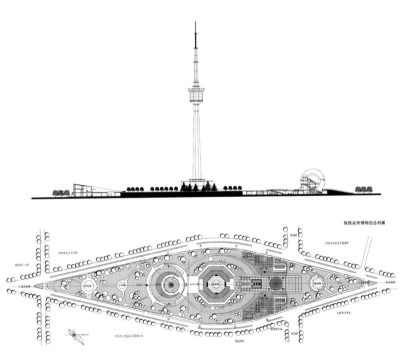

西安博物院

XI'AN MUSEUM

设计时间　　2000 年
建成时间　　2008 年
建筑面积　　11 770 m²
建设地点　　陕西省·西安市
项目获奖　　2009 年中国建筑学会新中国成立 60 周年建筑创作大奖入围奖
　　　　　　2009 年陕西省优秀工程勘察设计一等奖

西安博物院总平面图

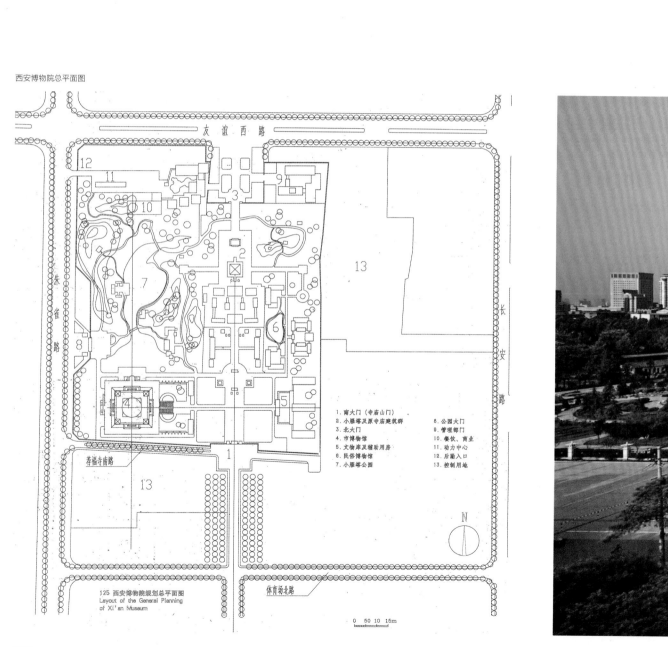

1. 南大门（寺庙山门）
2. 小雁塔及原寺庙建筑群
3. 北大门
4. 市博物馆
5. 文物库及辅助用房
6. 民俗博物馆
7. 小雁塔公园
8. 公园大门
9. 管理部门
10. 餐饮、商业
11. 动力中心
12. 后勤入口
13. 控制用地

125 西安博物院规划总平面图
Layout of the General Planning
of Xi'an Museum

0　50 10 15m

西安博物院是以唐小雁塔为标志，由荐福寺古建筑群、博物院、公园组成的博物园区。

博物院的选址在场地西南角，与小雁塔保持了良好的视距。博物院总体规划以寺庙中轴南端的山门为正门，在布局上入口向东朝向布置中轴线，以处理好与寺庙建筑群的关系。北面利用人工湖水为界，使博物院有相对独立的环境，又与公园互为景观。

建筑构成借鉴传统"明堂"，注重全方位展示完整形象的手法，并体现"天圆地方"的传统理念。方形台座和馆体厚重敦实，中间有一圆形玻璃大厅拔地而起，隐喻着新的历史萌生于厚重的历史积淀之中。整座建筑的色彩、风格与小雁塔和谐共生。

建筑创作注重场所精神，建筑与所处环境协调。西安博物院注重与小雁塔的总体关系，而且体现小雁塔的俊秀与新建筑的秀美，在艺术精神上达到形合、意合和神合。

咸阳博物院

XIANYANG MUSEUM

设计时间　2011 年
建成时间　在建
建筑面积　37 170 m²
建设地点　陕西省·咸阳市

　　咸阳博物院位于西咸新区秦汉新城的窑店镇和咸阳宫遗址正南方的台地上，北面正对咸阳宫一号宫殿遗址，距北面的秦咸阳宫遗址约750 m，距西面咸阳市区 13 km，距西安市中心约 18 km。

　　城市博物馆是城市文化的集中体现，咸阳博物院建筑的形象应成为千年帝都咸阳悠久历史和灿烂文化的象征，体现出秦汉建筑豪放古拙、刚健质朴的形象特色。博物院毗邻秦咸阳宫遗址，因此建筑要与周边环境相协调。

　　咸阳博物院集文物保护、文物陈列、科学研究、学术交流、教育普及、旅游服务、市民活动等多种功能于一体，是一座功能完善、技术先进、环境优雅、具有浓郁传统风格的现代建筑。

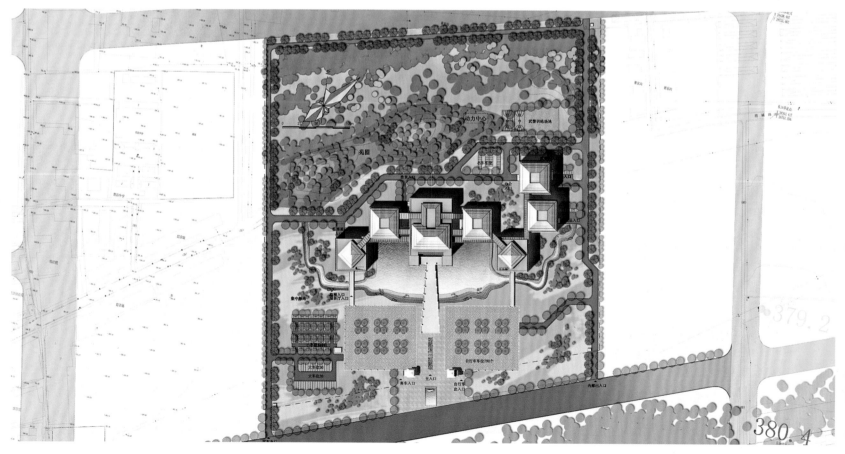

须弥山博物馆

THE MOUNT SUMERU MUSEUM

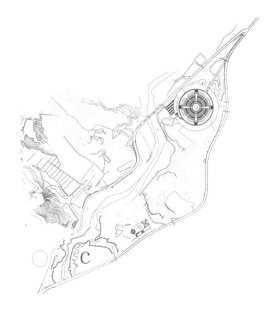

设计时间　2009 年
建成时间　2011 年
建筑面积　5 100 m²
建设地点　宁夏回族自治区·固原市
项目获奖　2014 年入选南非世界建筑师大会中国建筑展

　　须弥山博物馆的整体布局和风格充分考虑了须弥山旅游区的历史、文化及地形特征，遵从世界文化遗产保护的原则，将建筑主体藏于地下，使建筑与环境和谐共生，不喧宾夺主。须弥山博物馆的建筑设计从佛教文化中汲取设计灵感，"须弥山"唐式楼阁建筑通过小体量建筑的群体布局，营造出空灵、隽永、具有禅意的外部空间，使博物馆露而不显，以甘当配角的胸怀，不与自然争胜，不与遗址争辉，恰当地表达了自己的存在，为整个景区的拓展、内涵的丰富做出了积极的贡献，成为整个景区一个重要的组成部分。

鄂尔多斯青铜器博物馆

ORDOS BRONZE MUSEUM

设计时间　2009 年
建成时间　2018 年
建筑面积　30 000 m²
建设地点　内蒙古自治区·鄂尔多斯市
项目获奖　2020 年陕西省优秀工程勘察设计奖二等奖

　　鄂尔多斯青铜器博物馆是一座以青铜器展示为主的多功能现代展览建筑，馆藏文物超过 1 万件，是目前世界上收藏鄂尔多斯青铜器数量最多、品种最全、档次最高、藏品最具研究价值的博物馆。

　　整座建筑采用椭圆形集中式布局，博物馆主入口位于建筑长轴东侧，紧临入口广场，游客经主入口进入大厅。大厅内设服务中心、问询台等处。入口大厅后的月牙形大厅是游客的集散中心，顶部透明的采光顶和面向庭院的玻璃幕墙可以让游客在休息的同时欣赏主楼辉煌的外观。继续穿过有如时空隧道般的青铜之路，即到达建筑流线的高潮——圆形中庭，博物馆的核心展厅在此环绕布置，各层之间出自动扶梯相互联系。轻盈通透的穹顶覆盖在中庭之上，使得建筑内外交融，引人遐思。

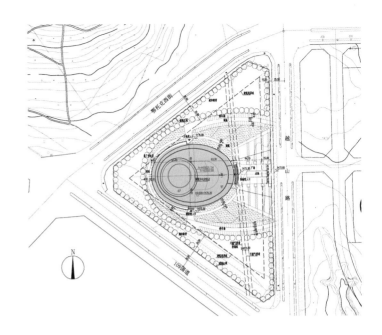

巴林左旗辽上京博物馆

LIAO SHANGJING MUSEUM IN BA LIN ZUO QI

设计时间　2012 年
建成时间　2014 年
建筑面积　14 818 m²
建设地点　内蒙古自治区·赤峰市
项目获奖　2019 年中国威海国际建筑设计大奖赛优秀奖

　　巴林左旗地处内蒙古自治区赤峰市北部，是契丹辽文化的发祥地，是国家确认的文物大县。该地现存博大的辽上京遗址，交相辉映的南北二塔，气势恢宏的召庙石窟，峰峦叠嶂、环境幽雅的祖州、祖陵。辽上京博物馆占地 34 300 m²，建筑面积 14 818m²，地上 3 层，属于大中型博物馆，采用在遗址保护区外围建馆的模式，内容以展示辽上京遗址为主，同时将辽上京的历史、经济、文化贯穿于展馆之中。建筑设计采用半覆土式建筑，借景辽上京遗址，与草原景观融为一体，挖掘地域形式语言，展现了辽代建筑和草原文化古拙、刚健、质朴的文化特色。

沿用中国传统的城郭格局

借鉴中国传统城郭概念，博物馆布局呈"回"字形，外围功能空间为实，外形坚实简洁，中间开放的内院为虚，虚实结合。博物馆的各功能空间围绕内院展开，"回"字的北边布置主入口门厅、4D 影厅、城市客厅等公众服务区；其余三边为陈列展览区，将展厅之间用回游形式连接起来，形成内外的连续感。

与遗址环境交相呼应，延续历史文脉

基地毗邻遗址绿化景观带，东面和南面是辽上京遗址和沙里河。建筑以半掩土的设计手法削弱了体积感，其南面、东面和北面均隐藏在不同高度的土坡之下。从遗址方向回望，建筑如同草原的一部分，只露出几个坚实简洁的体块。游客可在屋顶平台上眺望东面的遗址风貌。

形式反映功能

造型本身反映了其内部参观流线，不同类型的展览空间由二层开始围绕内院逆时针展开，主要参观人流由博物馆二层进入，在三层结束室内展区的参观后，可直接到达屋顶平台，一览辽上京遗址，形成室内参观流线与室外游览路线的自然过渡。

正定博物馆

ZHENGDING MUSEUM

设计时间　2015 年
建成时间　2019 年
建筑面积　25 000 m²
建设地点　河北省·石家庄市
项目获奖　2017 年中国威海国际建筑设计大奖赛优秀奖

　　正定博物馆设计的出发点结合了正定古城的城市格局，充分考虑隆兴寺及周边场地的文脉，将现代的博物馆功能有机地融入古老的城市中。中轴线的布局使得建筑庄重大气，具有强烈的仪式感。双十字的构架让这座建筑与古城的城市肌理融合在一起。圆形玻璃穹顶为地下的交通组织空间引入自然光。新中式平坡结合的建筑风格不仅仅符合当代的建筑工艺，更体现出对隆兴寺的尊重。

　　博物馆整体布局和风格充分考虑了隆兴寺的历史、文化及地形特征，遵从世界文化遗产保护的原则，将建筑主体藏于地下，使建筑与环境和谐共生。

行唐博物馆
XINGTANG MUSEUM

设计时间　2019 年
建成时间　2022 年
建筑面积　6 275 m²
建设地点　河北省·石家庄市

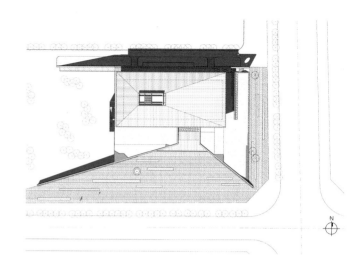

　　项目的总体设计充分考虑博物馆与自然景观的融合，探索覆土建筑的可实施性与创新性，尊重场地自然环境，以"织补城市"的设计手法补充场馆功能，同时保持城市生态环境。

　　建筑整体呈不规则的矩形布局，临近城市道路的两侧尽量避让，而面向公园的两侧则力争与环境融合。东西两侧采取地景式的处理手法，与城市公园、城市广场、活动中心前广场形成自然的衔接，为市民提供更加丰富和多样的活动场所。

开封市博物馆及规划展览馆

KAIFENG MUSEUM AND PLANNING EXHIBITION HALL

设计时间　2015 年
建成时间　2018 年
建筑面积　75 400 m²
建设地点　河北省·开封市
项目获奖　2019 年全国优秀工程勘察设计行业奖二等奖
　　　　　2020 年陕西省优秀工程勘察设计一等奖

　　项目位于开封市中意新区。新区的城市设计以中意湖水域为脉，将其周围的公共建筑串联起来，凸显开封北方水城的地域特色。

　　博物馆是开封中意新区的标志性建筑，遵循"承宋之繁华神韵，创新之盛世篇章"的设计目标，发掘开封"城摞城""三重城""四水贯都"的历史资源，并结合宋代建筑中央殿阁高耸、四周院落环绕的组群布置特点进行设计。

　　设计以四周较低的建筑簇拥中央高耸的殿阁体现宋代建筑组群的特征，并结合外环水系景观，呼应北宋东京城"四水贯都"的城市特色。立面外墙倾斜，石材按模数通过错缝、前后凸凹的处理，隐喻开封"城摞城"奇观，

从比例、色彩到质感都与开封古城墙形成对话。

　　建筑沿东西向中轴对称排布，从前区广场到半开敞环形庭院，再到室内中庭和中央塔楼，内部展厅围绕中心呈"回"字形组织，空间开合变化，内外交替。

　　观众从一二层的博物馆游览到三层规划馆，从下至上，可先了解开封城的厚重积淀，后展望未来，形成完整的心理体验。

　　博物馆采用外广场、大水面、内庭院的空间形态，烘托主体建筑，打造出"外在古典，内在时尚"的新宋风风格。

安康博物馆

ANKANG MUSEUM

设计时间　2011 年
建成时间　2018 年
建筑面积　14 825 m²
建设地点　陕西省 · 安康市

　　安康博物馆采用中国传统建筑意象，表现安康悠久的历史文化；以古朴厚重的高台象征秦地；以飘逸灵秀之高阁象征楚风；以"粉墙黛瓦"的建筑色彩突出安康秦地楚风的文脉特征，彰显中国优秀的传统文化；以恒定经典的建筑构图和简洁大气的建筑形象坐镇江北风景区，是临江高地的重要节点。

　　在面向黄沟路主入口广场的方向，博物馆呈现出庄重典雅的建筑形象。从汉调广场和三桥北端方向看，博物馆高低错落，起承转合，变化丰富。"粉墙黛瓦"的色彩、厚重古朴的基座、飘逸灵秀的高阁使博物馆从城市背景中脱颖而出。博物馆建筑主体为 3 层，局部 6 层，采用高台建筑的外观形式，将陈列区设于厚重的高台之内，科研办公区和部分公共活动区设于灵秀的高台之上，体现了"高台临江、四面通透、秦地楚风"的特点，是安康中心城市一江两岸风景线上重要的景观建筑。中央高阁设咖啡茶座和贵宾会见厅，使博物馆成为具有深厚文化底蕴的市民活动场所和城市会客厅。安康博物馆以"亭、台、阁"为意象，与安澜楼共同组成安康城市中心景观带上的亭台楼阁建筑群。

　　建筑采用现代的细部处理手法和建构工艺，从构造上实现了传统建筑的现代化表达。基座采用浅灰色具有粗犷岩石质感的陶板幕墙；高阁部分采用深灰色镁锰合金板与超白玻璃幕墙结合的外表皮；屋脊均由深灰色铝镁锰合金板用现代工艺压制成型，现场安装。整个高台之上的阁与亭的建筑细部处处显露出现代工艺的简洁和精致，充满强烈的现代感。高台的厚重与亭阁的通透灵秀形成强烈对比，增强了博物馆建筑的艺术效果。

平凉市博物馆

PINGLIANG MUSEUM

设计时间　2015 年
建成时间　2020 年
建筑面积　22 325 m²
建设地点　甘肃省·平凉市

　　平凉市博物馆位于甘肃省平凉市崆峒区内，西倚崆峒山，东望平凉古城，南临泾河北路，北靠龙隐寺山，背山面水，地理位置优越，历史悠久，文化内涵丰富。

　　博物馆规划设计遵循"中轴对称，主从有序"的原则，通过南北轴线串起前导空间和博物馆主体。核心建筑立于高台之上，体现汉韵唐风，广场两侧密植苍郁的树木以烘托古朴的氛围，蜿蜒的水系将广场与东侧公园串联起来，建筑北侧设计尺度宜人的景观庭院，氛围轻松。整体规划体现着天之自成、道法自然的设计思想。

　　高台筑城：主体建筑坐落于高台之上，寓意城墙壁垒，也象征着集中式的威严，具有道教礼制建筑的特色。

　　形胜山川：建筑层层退台的造型宛如崆峒山特有的丹霞地貌，核心体量拔地而起，气势恢宏，建筑与自然环境相融合。

天圆地方：环形中庭作为博物馆的核心区域，周围环绕着公共空间和展厅，顶部覆以采光穹顶，光影变幻，效果极佳，体现了天圆地方、大象无形的设计意象。

汉韵唐风：平凉作为汉唐丝绸之路上的重镇，设计对传统建筑元素进行提炼，以简洁现代的手法再现汉唐建筑雄浑大气、飘逸舒展的形象。

平面功能：藏品库、文保修复区和报告厅位于一层西侧，一层至三层环绕中庭布置陈列区；四层五层为科研办公区，各层屋面平台皆可漫步观景。

绿色建筑设计：博物馆以规则的实墙为主，结合屋面绿化，节能效果好；通高的中庭顶部设置电动开启扇，利用"烟囱效应"起到了拔风导流的作用；坡屋顶与五层办公区之间形成空气间层，保温隔热。

平凉市博物馆展现了当地的山川地貌与人文历史，建筑语汇体现着传统与现代，已成为平凉市重要的城市名片。

城固县博物馆

CHENGGU MUSEUM

设计时间　2014 年
建成时间　2017 年
建筑面积　6 336 m²
建设地点　陕西省·汉中市
项目获奖　2019 年全国优秀工程勘察设计行业奖三等奖
　　　　　2019—2020 年度中国建筑学会建筑设计奖公共建筑三等奖
　　　　　2020 陕西省优秀工程勘察设计一等奖

本项目位于世界文化遗产张骞墓和张骞纪念馆西侧，与公共景观区共同构成"张骞文化园"，四位一体，相辅相成。根据文物保护规划要求，本项目力求最大限度地减少对原有古墓及建筑的影响，采用"地景建筑"的方式，将西侧博物馆建筑设计为缓缓升起的"草坡"，含蓄地呼应既有文物建筑。

本项目功能布局以草坡下的公共连廊空间为主轴，展览空间根据展览内容各自独立，连廊和庭院串联，分布在其西侧。南部为接待区，北部单独设置办公区和藏品库区。

本项目造型简约抽象，用现代建筑手法表达传统建筑意象。草坡下是长 100 m、高约 7.5 m 的内部公共空间，采用曲线形的清水混凝土密肋梁，从南部边缘可看出传统屋檐的剪影形象。在巨大的屋檐之下，超尺度的空间结合光影效果，体现出汉代建筑雄浑质朴的气势。展厅为封闭的盒子，白色涂料外墙结合深灰色石材上边沿，形成粉墙黛瓦的效果。庭院、绿植之间穿插矮墙、雕塑等文化小品，彰显汉中建筑的古朴灵秀。

泸州市世界白酒文化公园酒文化博物馆

WINE CULTURE MUSEUM IN LUZHOU WORLD BAIJIU CULTURE PARK

设计时间　2018 年
建成时间　在建
建筑面积　53 992 m²
建设地点　四川省·泸州市

　　本方案以泸州地区的川南民居为设计蓝本，取其依山而建、屋檐层叠的建筑印象，并将酒器的形状抽象简化形成设计符号。谦逊、朴素的形态让建筑消隐在自然山地之中，以求得对窖池遗址与城市风貌的最大尊重。设计利用自然台地，让博物馆大部分体量嵌入自然台地之下，最大限度地保护现有树木及地形特征，让露出地面以上的建筑在树木与地形之间若隐若现，实现"藏与隐"的概念。缜密的规划设计不仅让建筑主体融入自然，也令现状窖池遗址，封藏大典祭祀广场等与场地融为一体，为历史文物注入生命，打造自然、历史、当代艺术的共融文化场所。

　　同时，在场地的高处，"筒形"形体和观景塔形成标志，展示本项目的独特风貌。

　　平面布局紧密结合场地地形高差，充分利用场地竖向空间，顺应山势，自下而上依次布置藏品库房、停车场及动力中心、主入口大厅、报告厅、后勤办公空间和展陈空间。其中在展陈空间内，泸州老窖酒文化主题展馆处于最高处，紧临封藏大典祭祀广场，两者之间联系紧密，更能凸显泸州老窖酒文化在本项目中的核心位置。

陕西师范大学教育博物馆

EDUCATION MUSEUM OF SHAANXI NORMAL UNIVERSITY

设计时间　2010 年
建成时间　2017 年
建筑面积　20 963 m²
建设地点　陕西省·西安市

　　教育博物馆地处古都西安，依托历史悠久的陕西师范大学而建，是国内第一座教育博物馆，具有文化标志性、时代性、地域性和实用性。建筑整体体量大开大合，仿佛从华山岩石中雕琢而出。外立面采用混凝土挂板，岩石质感强烈。外立面的水平条窗仿佛岩石的裂隙，从陕西师范大学的标志上提取的篆体"师"字，好似摩崖石刻点缀其上。主楼以传统歇山式屋顶统领整个建筑群，传统与现代建筑风格融合共生。同时

建筑又与内外葱郁的竹林相映成趣，营造出具有中国山水画意境的环境氛围。

　　设计尊重陕西师范大学长安校区的总体规划布局，与校园的标志性建筑——图书馆共同塑造出校园前区的建筑氛围，整体兼具传统韵味和时代特征。建筑作为校园前区的空间限定边界和入口广场的背景，自身具有标志性和观赏性，同时建筑内部庭院也具有观赏性。

观演及会展建筑
PERFORMANCE AND EXHIBITION BUILDINGS

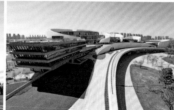

西安人民剧院

XI'AN PEOPLE'S THEATER

设计时间　　1953 年
建成时间　　1954 年
建筑面积　　3 100 m²
建设地点　　陕西省·西安市
项目获奖　　2009 年中国建筑学会新中国成立 60 周年建筑创作大奖入围奖
　　　　　　2016 年入选首批中国 20 世纪建筑遗产名录

　　西安人民剧院于 1953 年立项建设，由西北院副总工程师洪青全程负责，吴文耀参与设计，项目于 1954 年 5 月正式建成，总建筑面积约 3 100 m²。与同时期多数公共建筑采用大屋顶设计方法不同，洪青在借鉴董大酉主持设计的西北人民革命大学大礼堂设计思路的基础上，结合自己设计西安人民大厦的经验，在钢筋混凝土结构平屋顶的体形上装饰中国式的细部。2007 年，西安人民剧院被列入西安市第三批市级文物保护单位，2008 年被列入陕西省第五批省级文物保护单位，2016 年被中国文物学会、中国建筑学会评选为"中国 20 世纪建筑遗产"。同时，该项目还被《弗莱彻建筑史》收录其中。

西安市委礼堂

MUNICIPAL PARTY COMMITTEE AUDITORIUM IN XI'AN

设计时间　1952 年
建成时间　1953 年
建筑面积　3 000 m²
建设地点　陕西省·西安市

1952 年，西北工程局同意在陕西省人民政府南院门驻地范围修建一座大礼堂。礼堂设计由隶属西北工程局的西北建筑设计公司总建筑师董大酉亲自负责，洪青作为其助手。大礼堂平面呈南北长 65 m、东西宽 30 m 的矩形，功能布局由南往北分为三部分，即入口门厅、观众厅以及舞台幕布设备区。为满足观众厅大跨无柱功能空间的要求，礼堂选用"一主（跨）两边（跨）"的钢筋混凝土框架结构，主跨跨度达到 22 m。

董大酉在设计项目立面时，根据早年上海市政府新屋时形成的经验，基于钢筋混凝土框架结构体系，结合平面功能流线和水平伸展的基本体形，对常规等距的钢筋混凝土框架柱间距按照"明间阔、次间窄、尽间狭"进行调整，以强调中国传统建筑立面划分的独特视觉效果。在西安人民剧院和西安人民大厦大礼堂竣工使用前，该大礼堂是当时西安市设施最先进、功能最完善、面积最大的室内公共集会和演出场所。

1954 年中央政府撤销"西北行政区"，陕西省人民政府从南院门迁至新城，南院门交由西安市委使用，大礼堂随之改称为"西安市委礼堂"。

延安大剧院

YAN'AN THEATER

设计时间 2014 年
建成时间 2016 年
建筑面积 33 134 m²
建设地点 陕西省·延安市
项目获奖 2017 年陕西省优秀工程勘察设计一等奖
2017 年中国威海国际建筑设计大奖赛金奖
2017—2018 年度中国建筑学会建筑设计金奖
2019 年全国优秀工程勘察设计行业奖一等奖
中国建筑学会建筑创作大奖（2009—2019）

　　延安大剧院是延安北部新城南端的标志性建筑，与延安市民中心共同构成主轴上的骨干，也为新城的风貌定下基调。延安市民中心锚固在大地上以群体取胜，延安大剧院则采用更为活泼、开放、飘逸的现代造型与之形成对比。大剧院是陕北文化的守望者，这里诞生了《黄河大合唱》，走出了新中国的文艺工作者，是中华民族血性精神的见证。建筑内外空间一气呵成，真实统一。

　　设计把延安传统建筑元素"窑洞"作为主要设计元素，充分赋予建筑地域特色；建筑由外到内统一，以简洁的方形体量相互穿插。基部两侧各由 11 道拱门组成，如厚重基石，承托起屋顶，它们通过轻盈的玻璃体量衔接，形体间虚实结合，简约大气，大悬挑屋顶空间自然地形成主入口空间，整体效果大气庄重，又不失活泼，有序又充满力量。

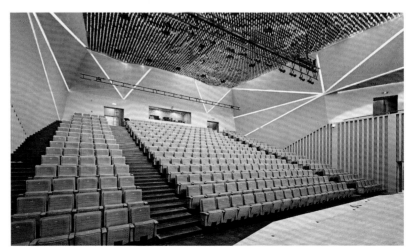

大唐不夜城贞观广场

ZHENGUAN SQUARE IN DATANG BUYE TOWN

设计时间　　2008—2015 年（合作设计）
建成时间　　2017 年
建筑面积　　101 768 m²
建设地点　　陕西省·西安市
项目获奖　　2019 年中华文化建筑奖（华筑奖）二等奖
　　　　　　2020 年陕西省优秀工程勘察设计奖一等奖
　　　　　　2011 年全国优秀工程勘察设计行业奖三等奖

　　大唐不夜城贞观广场由陕西大剧院、西安音乐厅、西安美术馆和电影城四组文化建筑组成，在功能空间组织上都是具有观演功能的大空间与附属设施的组合。建筑风格采用唐代盛行的高台建筑的意象，把附属设施统一在简洁、现代的高台下，而观演建筑的大空间则用原汁原味的唐风大屋顶覆盖，立在高台之上。大屋顶建筑的墙身部分采用传统建筑中的侧脚手法，有力地加强了建筑的稳重感。墙身的开间和开窗方式，参考了仿唐古建筑比例和尺度，体现出传统建筑的内涵。贞观广场合理安排不同的流线，实现人车分流，保证了交通安全性。

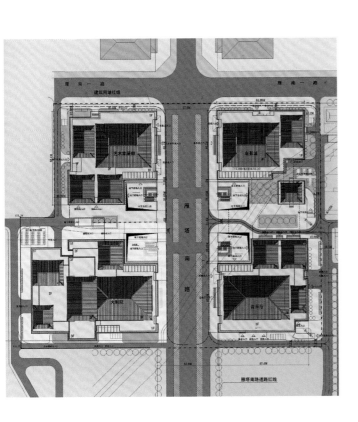

西安文化交流中心（长安乐）

XI'AN CULTURAL COMMUNICATION CENTER（CHANG'AN YUE）

设计时间　2020 年
建成时间　2022 年
建筑面积　143 000 m²
建设地点　陕西省·西安市

　　本项目建筑用地面积 36.3 万 m²，总建筑面积 14.3 万 m²，由 5 大功能组成，分别是大剧院 2 049 座、音乐厅 1 500 座、多功能厅 511 座，电影院 650 座和新媒体传媒港。项目已于 2021 年 7 月完成外部施工。

　　本案打造了西安前所未有的公共文化场所，它将与奥体中心共同构成西安市新的文化地标。建筑设计独具匠心，造型似花、似帆，在灞水上千帆竞发，百舸争流；建筑形式明快沉稳、典雅豪迈、蜿蜒曲折，如万马奔腾之势，犹如几缕丝带，舞动新长安。方案以半坡出土的乐器"埙"为原型，用一笔有力的弧线串联 5 个独立的形体，用建筑群落构成城市的台垣地貌。建筑与景观结合，如水畔跳动的音符，因此本项目又名"长安乐"。

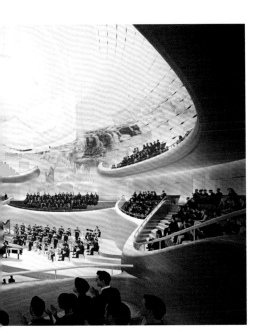

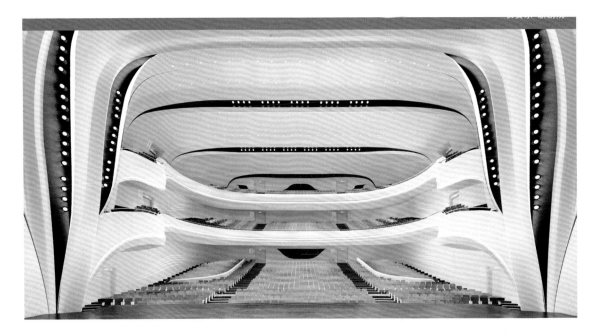

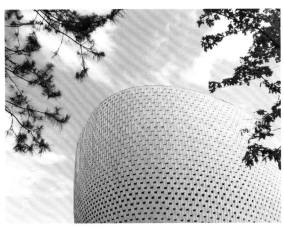

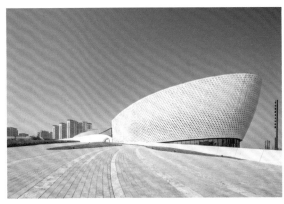

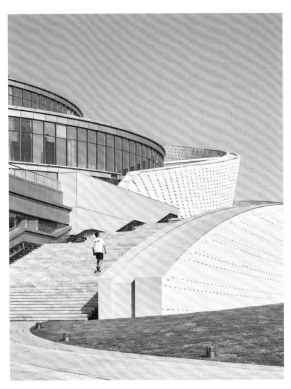

丝路国际文化艺术中心

SILK ROAD INTERNATIONAL CULTURE AND ART CENTER

设计时间　2017 年
建成时间　2022 年
建筑面积　151 500 m²
建设地点　陕西省·西安市

　　项目场地位于浐灞三角洲核心区域，拥有良好的自然生态条件，有广运潭、浐河及灞河湿地公园，用地面积为 53 114.72 m²，主要建设一个 1 519 座的剧场、一个 400 座的多功能厅、一个美术博物馆、一个政务中心办公楼。

　　设计延续浐灞商务中心布局，以简约大气的方形体量建立建筑秩序，其中两大核心功能之一的剧场以灵动的造型来点睛，使整体布局方中带弧，柔中带刚，稳重又不失活泼，展现出豪迈的关中风情，这不仅符合新时期西安的现代化需求，也体现出关中人民刚毅的外表之下热情的内心情感。总体以"U"字形布局形成围合之势，犹如磁铁的两极相互吸引。项目注重与区域地标——长安塔的对话。

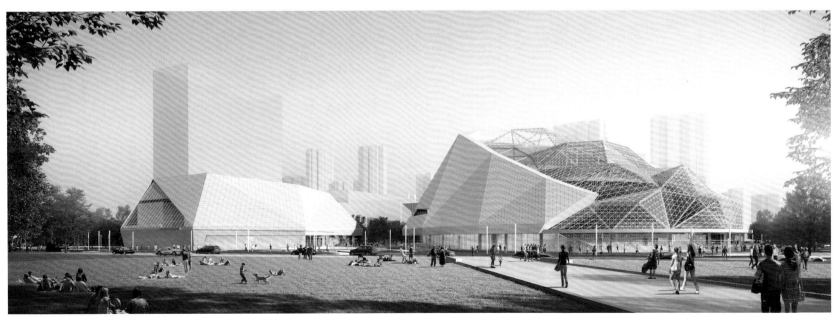

安康大剧院
ANKANG THEATER

设计时间　2015 年
建成时间　2019 年
建筑面积　49 743 m²
建设地点　陕西省·安康市

安康大剧院是一座集演出、会议、培训于一体的具有地域文化标识性的公共建筑，同时也是安康市的重要标志性建筑之一。

建筑采用弧线形的平面形态及立面造型，平面布局将大、小剧场巧妙结合，功能合理；立面造型既体现安康传统建筑的灵秀之美，又以纯净、流畅的气质展现出现代建筑的典雅之韵。曲线的平面形态及立面造型，

建筑内部的高大空间及演艺空间的特殊要求，成为各专业设计及协调配合的难点，最终管线设计合理且藏露得当，结构构件成就建筑之美。

环境设计作为项目整体不可分割的一部分，力求与大剧院主体建筑"灵与秀"的形态相协调，广场设计与汉水文化一脉相承，突出水的形态及灵动。建筑与环境交相辉映，营造出汉江北岸的地标景象。

西安曲江国际会议中心

QUJIANG INTERNATIONAL CONFERENCE CENTER IN XI'AN

设计时间　2010 年（合作设计）
建成时间　2011 年
建筑面积　28 000 m²
建设地点　陕西省·西安市
项目获奖　2013 年全国优秀工程勘察设计行业奖二等奖
　　　　　2013 年陕西省优秀工程勘察设计一等奖

曲江国际会议中心是中国西部此类建筑中规模最大、功能最全、设施最先进的多功能国际会议中心。它拥有一个可容纳 2 000 人的会议厅、一个可容纳 3 500 人的多功能宴会厅及各类大小会议室和展览厅。在功能上，它进一步扩展了原有的展览中心，建筑设计别具一格，引人注目。整座建筑利用架空的公共开放空间解决了场地不足的问题，同时采用先进的结构使两个大空间垂直叠合，无论是从行人的视角还是从周边规划的高层建筑上，均可一目了然地看到构成建筑的第五立面。整座建筑的屋顶在主会议大厅区域达到高潮。

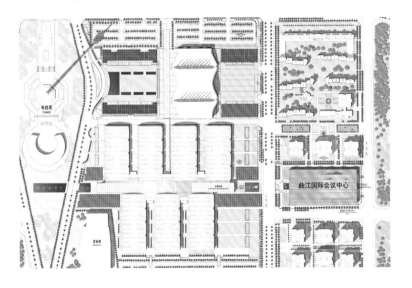

杨凌国际会展中心

YANGLING INTERNATIONAL CONFERENCE AND EXHIBITION CENTER

设计时间　1998 年
建成时间　2000 年
建筑面积　42 000 m²
建设地点　陕西省·咸阳市
项目获奖　2002 年陕西省优秀工程勘察设计一等奖
　　　　　2002 年建设部优秀勘察工程设计二等奖
　　　　　2002 年国家级优秀工程勘察设计银质奖

　　杨凌是我国古代农耕文明的发祥地。作为全国唯一的农业高新示范区，杨凌是一片充满希望的田野，也是投资开发的热土。杨凌国际会展中心集展览、会议、办公、宾馆等功能于一体，不仅是全国四大博览会主会场之一，还是示范区的龙头项目。项目的总体构思采用建筑直面自然的集中式布局，从南到北依次布置了展览中心、会议中心和宾馆办公区，各区域既相对独立，又有机联系，关系简洁，流线分明。大斜坡绿地从广场渐次升高，室外大台阶使广场与建筑密切相连，中部跌落的瀑布从台阶屋面喷涌而下，与广场喷泉浑然一体。远远望去，建筑从大地缓缓升起，缕缕阳光洒满人间，涓涓溪流奔流直下。整体环境极富田园色彩，反映了一种"生于土地，出于阳光"的有机建筑和绿色建筑设计思想，体现了"高山流水，天地人间"和谐共处的意境。

眉县国家级猕猴桃批发交易中心

NATIONAL KIWI FRUIT WHOLESALE TRADING CENTER IN MEI COUNTY

设计时间　　2013 年
建成时间　　2015 年
建筑面积　　34 000 m²
建设地点　　陕西省·宝鸡市
项目获奖　　2017 年全国优秀工程勘察设计行业奖三等奖
　　　　　　2017 年陕西省优秀工程勘察设计二等奖

　　建造场地位于连霍高速公路西宝段以南，渭河以北，紧临高速公路眉县出口，人工建造的环状立体交通景观与自然蜿蜒的渭水河道赋予建设基址自由洒脱与清新宁静的独特个性。建筑造型源于猕猴桃果实的切片形态，并与眉县千亩荷塘的片片荷叶交相呼应，将五个尺度不一的圆形体块进行抽象重构，通过一条弧线进行串联、组合，结合形态自由的水面与发散式的广场景观，辅以由金属铝板与玻璃组合而成的通透幕墙，最终形成别具一格的景观建筑群。建筑造型与景观设计均以自然场地为本，积极响应由弧线围合而成的场地形态，并利用基地周边丰沛的自然水系，将建筑与自然融为一体。建成后该批发交易中心被称为"宝鸡的鸟巢"。

　　本项目由会展中心、科研商务大楼、猕猴桃文化广场三部分组成，周边陪衬水域绿化景观，通过园区道路围合成一个完整的椭圆形，有机嵌于场地之中，既自成一体地形成独立功能组团，又与园区相关片区形成便捷联系。由于建筑内部囊括展览展销、会议报告、科研办公、实验培训、餐饮等多种功能，为了避免不同功能之间的相互干扰，方案设计充分利用开阔的建设用地，将建筑化整为零地散布于场地内，从而使各个功能空间均可以独立使用。

中国酵素城核心区项目

THE CORE AREA PROJECT OF CHINA ENZYME CITY

设计时间　2016 年
建成时间　2019 年
建筑面积　280 000 ㎡
建设地点　陕西省·渭南市
项目获奖　2019—2020 年度中国建筑学会建筑设计奖工业建筑三等奖

中国酵素城位于渭南市经开区，地处新丝绸之路经济带的起点和枢纽位置。核心区位于中国酵素城西南角，建设用地约 22 万 ㎡，总建筑面积约 28 万 ㎡。中国酵素城是由中国生物发酵产业协会与渭南经开区共同打造的国家级生物发酵特色区，也是渭南市"十三五"规划的重点项目。项目建成后引领了全国生物发酵产业在渭南经开区集聚、发展，并成为一个集文化展示、产业发展、工业旅游为一体的国家级生态型健康产业示范园。

生态共享的酵素公园

中国酵素城核心区以酵素生产＋公园为设计理念，将生产、研发区域放在公园景观中来展开，强调产业与城市生活的互动相融，打造了一个绿色生态、开放共享的"公园式"新型产业园。

地域文脉的现代化表达

基于渭南的地理文化脉络，设计团队提出了"引渭河之水、采华山之石、融关中之美、展未来之城"的设计理念。整个园区的建筑风格简洁现代、轻松活泼、灵动轻盈，充分体现了未来之城的时代感。

绿色建筑

整体园区达到绿色建筑二星标准，中国酵素馆根据自身特点，因地制宜地打造了符合陕西城市发展的示范型绿色三星级建筑，并于2020年取得证书。

BIM 技术

中国酵素馆为大跨度钢框架流线型设计，各专业从建筑方案的形态优化到施工图模型数据深化均采用了 BIM 技术，并将该技术延伸到了后期的施工及运营维护阶段，实现了项目的高完成度和智慧运营。

潇河国际会议会展中心及配套项目

XIAOHE INTERNATIONAL CONVENTION & EXHIBITION CENTER AND ANCILLARY PROJECT

设计时间　2020 年
建成时间　在建
建筑面积　654 600 m²
建设地点　山西省·太原市

　　晋山屏列，汾河奔涌，在山西太原城市南北中轴线与新区产城融合轴的重要节点上，兼备国际视野与城市基因的潇河新城建筑群正应运而生。

　　本项目的设计理念围绕"城景相融，蓝绿交织；聚合共生，万象同享"展开。会议中心、会展中心及配套酒店三者相互联系，以多类型设施承载多种类活动。

　　方案以场地中心为绿化"心脏"，以两层的慢行系统为"脉络"，将三个独立的地块连接成为一个整体的自然园区，旨在鼓励城市的互联互通。市民可以在绿化平台上漫步，可缓解真武路交通压力。中心生态公园以及潇河的自然元素延伸到平台之上，使城市公共建筑与周边自然环境间的关系更加紧密。南侧滨水会议中心，建筑形态采用现代设计手法，形成

檐如新月、长桥凌空的整体建筑形象。建筑外立面主要材料为玻璃幕墙、银灰色金属屋面板，建筑色彩明快、淡雅，彰显大气、轻盈、现代的风格。

　　会展中心建筑群位于场地北侧，由3个组团组成，建筑将蜿蜒的屋脊、流动的曲线、舒展的线条相融合，结合山西传统民居意象与现代化设计理念，塑造大型会展空间建筑形象。

位于会议会展中心之间的酒店建筑群在设计上呼应二者的色系及立面风格，采用玻璃幕墙和银灰色铝板等材料，塑造现代、纯粹、流畅的建筑风格。

　　建筑于场地四周围合出生态公园，与潇河景观蓝绿交织，在城市与自然之间创造出一个宜居宜游的共享空间。

宾馆及商业建筑
HOTELS AND COMMERCIAL BUILDINGS

西安人民大厦及餐饮会议中心改扩建工程

EXPANSION PROJECT OF XI'AN PEOPLE'S MANSION AND DINING & CONVENTION CENTER

设计时间　1952 年，2004 年
建成时间　1953 年，2005 年
建筑面积　10 250 m²
建设地点　陕西省·西安市
　　　　　2005 年陕西省优秀工程勘察设计一等奖
　　　　　2005 年建设部优秀勘察工程设计二等奖
　　　　　2009 年中国建筑学会新中国成立 60 周年建筑创作大奖
　　　　　2016 年首批中国 20 世纪建筑遗产名录

　　人民大厦是陕西省第一家专门从事涉外旅游接待的三星级饭店，位于陕西省政府东侧。自 1951 年以来，共进行过三期建设与一次大的改造，一期工程包括主楼与西侧的礼堂、东侧的餐厅、文娱建筑。主楼与餐厅于 1955 年建成，礼堂于 1958 年建成。其是当时陕西省第一个层数最多、

规模最大、设备最现代化的旅馆。三期工程是前东、西楼，是西北院和香港建筑师合作设计的两栋"S"形大楼。

　　餐饮会议中心是人民大厦保护性改扩建项目之一。设计重点保留了原有中餐厅交际厅部分，在保证既有建筑安全性的基础上，使布局更完

整，功能更合理，并满足餐饮、会议的多功能要求。设计保持人民大厦原有整体建筑风貌，延续其建筑风格。新建筑风格充分结合周围环境，采用的竖向长窗与庭院内老建筑的竖线条保持一致的比例，石材墙面为竖向密缝，横向开缝，开缝划分方式与原有建筑一致，立面石材的选样也与原有建筑相似，外墙装饰浮雕与大厦整体装饰呼应。新老结合部分用玻璃体衔接处理，室内外空间相互渗透，增强空间的通透性。改建后的建筑群成为西安老城区承继与创新相结合的典范。

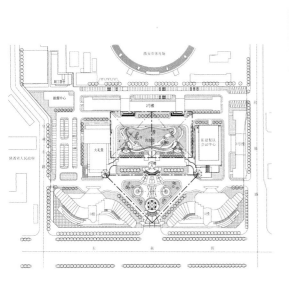

大雁塔风景区"三唐工程"

"THREE-TANG-DYNASTY-STYLE PROJECTS" IN DAYAN PAGODA SCENIC AREA

设计时间　1984 年
建成时间　1988 年
建筑面积　27 240 m²
建设地点　陕西省·西安市
项目获奖　1991 年全国优秀工程设计铜质奖
　　　　　1991 年建设部优秀设计二等奖
　　　　　2009 年中国建筑学会新中国成立 60 周年建筑创作大奖
　　　　　2017 年第二批中国 20 世纪建筑遗产名录
　　　　　2019 全国勘察设计行业新中国成立 70 周年优秀勘察设计项目

　　大雁塔风景区"三唐工程"包括唐华宾馆 (21 540 m²)、唐歌舞餐厅 (2 700 m²) 和唐代艺术展览馆 (3 000 m²)，简称"三唐工程"，选址在国家文物保护单位西安市南郊唐大雁塔东侧。本设计的主要精神是"理解环境，保护环境，创造环境"。建筑物在布局、体量、高度、造型、风格、色彩上都与唐代大雁塔及其文化历史环境相协调。此项目运用传统空间设计手法和中国园林布局手法，与现代旅游功能和现代化设施相结合，提供了充满文化历史情趣的、舒适文明的旅游环境。其中，唐华宾馆于 2021 年完成提升改造。

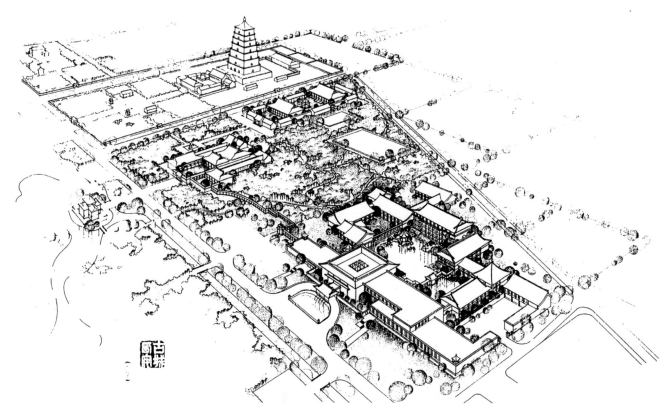

建国饭店

JIANGUO HOTEL

设计时间　1987 年（合作设计）
建成时间　1989 年
建筑面积　44 000 m²
建设地点　陕西省·西安市

　　1978 年 2 月，美国华裔建筑师陈宣远作为投资商，确定在北京修建"建国饭店"的意向。北京建国饭店成为中国最早的三家合资涉外高级酒店之一。1987 年，陈宣远决定在西安开设建国饭店，西北院作为合作设计单位，在参观调研北京建国饭店和充分尊重原设计意图的前提下，针对西安的气候和地域特点，提出在用地范围内强化高低错层设计，调整建筑布局，更好地兼顾了酒店客房、庭院的朝向和景观效果。项目总建筑面积 44 000 m²，客房 880 间，于 1989 年 8 月建成。

西安唐乐宫

TANG MUSIC PALACE , XI'AN

设计时间　1987 年（合作设计）
建成时间　1989 年
建筑面积　16 000 m²
建设地点　陕西省 · 西安市

唐乐宫由中国国际旅行社西安分社与美国文化旅行社联合筹资兴建。项目于 1985 年立项，初步设计由美籍华裔建筑师刘国昭、香港梁柏涛建筑师事务所、雷京喜机电工程事务所和中国建筑西北设计研究院共同完成，施工图由中国建筑西北设计研究院完成。

项目由低层歌舞厅裙房和高层酒店塔楼组成。中方建筑师从大雁塔的砖砌叠涩和圆拱门洞中汲取灵感，将其抽象变形应用在项目塔楼部分的腰檐、檐口、阳台栏板等处，并在裙房沿街面设置圆拱形门洞和壁龛等，以回应城市历史文化。

西安古都大酒店

GRAND HOTEL , XI'AN

设计时间　1987 年（合作设计）
建成时间　1989 年
建筑面积　47 000 m²
建设地点　陕西省·西安市

　　项目位于西安老城中心，由一个可独立运营的文艺演出剧场、一个涉外四星级酒店和一个涉外文化展销高级商场组成。整个酒店中心的布局采用了中国传统的中庭排列形式，设计了一个宽 17 m 长 50 m 的无盖中庭。其按中式庭园进行设计，广植草木，并设有 16 m 高的巨型秦始皇浮雕群。建筑布局经纬对称，配以回廊，中庭与古城西安的规划相呼应，有整齐的网格系统。建筑被分为 4 个坊，围绕中间的中庭展开。酒店地下为 1 层，地上为 14 层，有客房 500 余套，顶层设有总统套房。项目由中建西北院配合香港刘荣广、伍振民建筑师事务所完成方案设计，并由中建西北院承担全部施工图设计。

西安喜来登酒店

SHERATON HOTEL , XI'AN

设计时间   1989 年（合作设计）
建成时间   1991 年
建筑面积   39 000 m²
建设地点   陕西省 · 西安市

项目于 1986 年立项，位于西安市莲湖区丰镐东路。与该酒店同时期规划建设的西安建国饭店对称布置在西安明城区东西向中轴线与二环路两侧，总建筑面积 39 000 m²，1989 年由西北院完成施工图设计，1991 年 9 月项目竣工。

唐城宾馆

TANGCHENG HOTEL

设计时间　　1984 年
建成时间　　1986 年
建筑面积　　32 000 m²
建设地点　　陕西省·西安市
项目获奖　　1989 年建设部优秀建筑设计三等奖

　　唐城宾馆于 1982 年年中立项，总投资规模约 3 000 万元人民币，为当时西安最多。唐城宾馆项目是西安第一家、国内较早的完全由国内单位贷款投资兴建的涉外旅游宾馆。1983 年 3 月开始进行方案设计，1984 年 12 月完成施工图。1986 年 6 月，宾馆开始正式对外营业，1989 年其入选陕西省 80 年代十大建筑。

金石国际大厦

JINSHI INTERNATIONAL BUILDING

设计时间　2002 年
建成时间　2004 年
建筑面积　781 328 m²
建设地点　陕西省·西安市
项目获奖　2005 年陕西省优秀工程勘察设计一等奖
　　　　　2005 年建设部优秀勘察工程设计三等奖

　　金石国际大厦是一座大型综合性建筑，其主要功能包括一座五星级酒店、公司办公楼、餐饮、娱乐等，规模庞大，功能复杂，采用了简单高效、同时又最经济的矩形平面，在有限的场地上合理地组织了建筑与城市、建筑内部的交通流线；采用了大进深的平面布置方式，引入中庭，既解决了功能需求，又丰富了室内空间。大厦在整体气质上尊重了所处的城市环境，较好地融入城市肌理之中，立面朴实、大气、精致，造型简洁、挺拔。高大的柱廊、方窗矩阵、纯天然的花岗岩贴面，无不体现了"金石"的厚重与质朴。

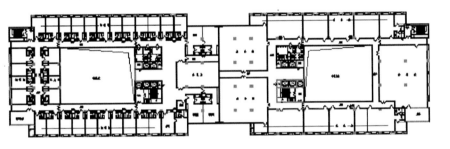

西安西藏大厦

XI'AN TIBET BUILDING

设计时间　2013 年
建成时间　2015 年
建筑面积　38 731 m²
建设地点　陕西省 · 西安市
项目获奖　2017 年陕西省优秀工程勘察设计一等奖
　　　　　2019 年全国优秀工程勘察设计行业奖三等奖

　　本项目以"友谊之门，文化之窗"为造型设计的主旨，特色鲜明、繁简适度，既现代又具民族性，既是西安的，又包含西藏特色。西安西藏大厦突出表现了作为窗口工程、文化工程和精品工程在文化性、现代性、功能性、系统性、先进性等方面的有机统一。

　　本项目建筑布局合理，功能分区明确，出入口设置恰当，流线便捷清晰，无交叉干扰，客房以南北向布置为主。室内设计以简约温馨的米黄色

石材为主调，并结合经过提炼和抽象的藏文化色彩与图案。特色空间则加大藏文化元素的使用，使之既具有浓郁的民族风情和文化韵味，又不失现代感和舒适度。建筑的整体造型以厚重、大气、典雅的现代西安建筑风格为基调，简洁抽象的藏式建筑色彩和语汇与之有机结合。主楼突出雕塑感和标志性，以浑厚有力的实体烘托出"友谊之门，文化之窗"的主题。本项目在高层现代建筑的地域化和地域建筑的文化性与民族性表达方面做出了有益的探索。

陕西宾馆扩建工程

EXTENSION ENGINEER OF SHAANXI HOTEL

设计时间　2006 年
建成时间　2011 年
建筑面积　227 300 m²
建设地点　陕西省·西安市
项目获奖　2013 年陕西省优秀工程勘察设计一等奖

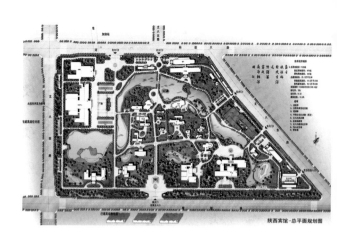

陕西宾馆-总平面规划图

　　陕西宾馆自 1949 年以来一直作为政府接待酒店，是西安久负盛名的园林化宾馆。自 2006 年开始，该宾馆先后设计了 10 号楼、12 号楼、18 号楼、贵宾楼、会议中心等，设计重点强调建筑外观形象端庄、凝重、大气，并具有鲜明的地域特色、传统文化特征和时代精神；内部空间组织着重表现高大恢宏的空间意象和流畅、宽阔的流线空间组织。建筑整体空间明确有序，动静分区明晰有致，空间疏密、收放自如。建筑天际线错落明快，形式优美，体现出该建筑庄重、大气、典雅的气质。建筑内部高大空间与宜人空间相结合，内部庭院及建筑细部的引入更使建筑空间丰富且富有趣味。

　　扩建后的陕西宾馆是目前西北地区最大的园林化的会议酒店和国宾馆。

西安曲江宾馆

XI'AN QUJIANG HOTEL

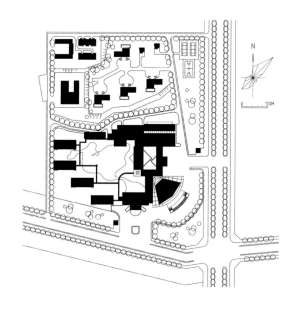

设计时间　　1999 年
建成时间　　2000 年
建筑面积　　89 915 m²
建设地点　　陕西省·西安市
项目获奖　　2003 年陕西省优秀工程勘察设计一等奖
　　　　　　2003 年建设部优秀勘察工程设计三等奖

　　曲江宾馆是西安市为迎接西部大开发按照国际标准兴建的一组园林化、现代化的公共建筑，总体布局撷取"曲江"的意象，采用以水体为主景的传统园林格局。建筑以 2~3 层为主，环湖布置，配置了国际会议、健身娱乐、餐饮和客房 4 项主要功能。建筑造型简洁明快，随内部功能不同，建筑的平面错落，形体高低起伏。环湖设可上下通行的游廊联系多个建筑单元，取"秦汉离宫复道"之意。曲江宾馆功能完善、特色鲜明，较好地体现了城市性质，强化了城市功能，美化了城市环境，适应了城市发展的需求。2012 年曲江宾馆建设了贵宾楼，进一步完善了宾馆的功能。

西安威斯汀大酒店

XI'AN WESTIN HOTEL

设计时间　2008 年（合作设计）
建成时间　2012 年
建筑面积　85 000 m²
建设地点　陕西省·西安市
项目获奖　2015 年全国优秀工程勘察设计行业奖三等奖
　　　　　2015 年陕西省优秀工程勘察设计一等奖

　　西安威斯汀大酒店与大唐不夜城隔街相望，与大雁塔毗邻，地理位置优越，环境优美，交通便利。酒店规划占地面积 38 839 m²，分为酒店区、博物馆区、宴会区和公寓区 4 部分。该酒店是西安市档次最高、功能最全、规模最大的五星级酒店之一。

　　博物馆出入口位于酒店最东侧的雁塔南路上，通过踏步步入下沉广场，即可进入独立的博物馆区。博物馆设有临时展馆和两个古代壁画馆，与内庭花园相连，环境宜人，流线便捷，是酒店设计的一大特色。

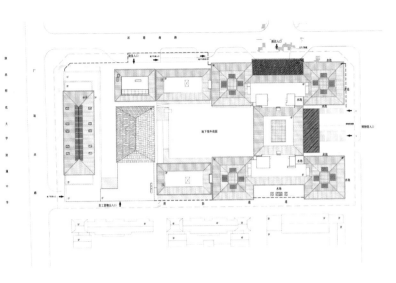

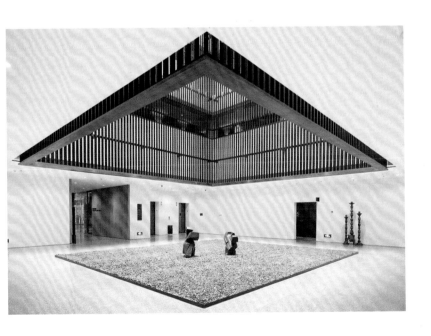

欧亚经济论坛会址

SITE OF EURO-ASIA ECONOMIC FORUM

设计时间　　2007 年
建成时间　　2009 年
建筑面积　　60 000 m²
建设地点　　陕西省·西安市
项目获奖　　2009 年全国优秀工程勘察设计行业奖三等奖
　　　　　　2009 年陕西省优秀工程勘察设计二等奖

　　西安欧亚经济论坛的会址位于西安浐灞三角洲北端洲头浐河与灞河的交汇处，三面环水，视野开阔，环境优美。设计充分尊重自然环境，结合地貌特征，表现出滨水建筑的特色，与浐河、灞河互为因借；根据河水曲折蜿蜒的特点，设计塑造了自然、流畅的建筑造型，巧妙地解决了各种复杂流线。

　　整座建筑由可容纳 1 200 人的国际会议中心、含有 400 间标准客房的五星级酒店及相应的附属设施组成。国际会议中心充分体现面向 21 世纪的生态特征表达、人与自然和谐统一的现代景观以及生机盎然的建设风貌。

欧亚经济论坛三期酒店

PHASE III HOTEL OF EURO-ASIA ECONOMIC FORUM

设计时间　2013 年（合作设计）
建成时间　2017 年
建筑面积　61 093 m²
建设地点　陕西省 · 西安市
项目获奖　2020 年陕西省优秀工程勘察设计一等奖

欧亚经济论坛三期酒店项目位于西安市浐灞生态区，距市中心 9 km。该位置原为浐河河床，拟在此填岛作为建筑用地。场地北侧为灞河挡水坝，河面宽阔，东边为灞河河堤，其是唐朝的广运潭遗址，西边为浐河河堤，南侧为现欧亚论坛一、二期工程。

项目设计灵感"龙腾浐灞"出自设计师对基地环境和项目本身的理解。基地处于浐河和灞河交汇处的三角洲洲头，该酒店是西安欧亚经济

论坛园区的点睛之作，一、二期工程为多层酒店和会议中心，建筑呈"S"形布局，宛如一条巨龙匍匐在浐灞河三角洲的大地之上。三期酒店项目作为两河交汇洲头的统领建筑，以 127 m 超高层塔楼引领全局，利用幕墙面与面之间的进退及装饰线条的变化勾勒出两组相互交织的曲线轮廓，流畅的曲线线条围绕主体建筑自下而上在顶部高低起伏错落，形成类似"龙首"的顶部造型。高层酒店景观在浐灞生态区独树一帜。在酒店，北望浐灞交汇处，水面视野开阔，南望延绵逶迤的白鹿原和巍巍婀娜的秦岭，可将气势恢宏的长安美景画尽收眼底。

芙蓉阁酒店
FU RONG GE HOTEL

设计时间　2014年
建成时间　2018年
建筑面积　36 812 m²
建设地点　陕西省·西安市
项目获奖　2020年陕西省优秀工程勘察设计奖二等奖

　　大唐芙蓉园曾是皇家御苑，自古人文荟萃、笔墨繁华；大雁塔慈恩寺更是佛家圣地，历来梵音缭绕。地处曲江新区的芙蓉阁酒店毗邻名胜，其设计初衷是立足传统文化，展现时代风采，延续城市文脉，营造"芙蓉池畔筑锦阁，雁塔钟旁沐禅音"的情景和意境。

　　芙蓉阁酒店地上5层、地下2层，拥有客房204间，满足住宿、餐饮、会务、休闲、康乐等多功能需求，是一个五星级标准的城市精品酒店。建筑设计旨在服务现代生活、表达传统文化、展现建筑之美、织补城市风貌、形成城市文化节点，为城市增添活力，为旅客提供一个了解地域文化的窗口，为人们提供一处休憩港湾和文化栖居之地。通过对地域文化的挖掘和诠释，设计方案让现代酒店建筑融入城市文脉。

西安蓝海风中心

XI'AN LAFONCE CENTER

设计时间　2013 年（合作设计）
建成时间　2016 年
建筑面积　163 480 m²
建设地点　陕西省·西安市

　　西安蓝海风中心项目位于未央区凤城二路北侧，北临文景公园，包含一栋高 160 m 的国际 5A 甲级写字楼、一栋高 100 m 的万怡酒店以及 5 层休闲体验式商业裙房。

　　项目的整体设计理念为一艘在西北黄土高坡上扬帆起航的大船，两栋塔楼犹如两尾风帆，迎风飘扬形成立面肌理。场地南侧临凤城二路，设置两个车行出入口，并设置消防车道环绕。西侧设置酒店与后勤车行双向出入口，东侧设置办公与商业车行双向出入口。

　　商业裙房在 1~4 层，主入口位于东南角，南侧面对城市退让形成商业广场，直面凤城二路，良好的形象展示面与东侧未央路的商业氛围遥相呼应，商业流线贯通场地，与东北角文景公园相连接，形成 "V" 字形动线。两端入口造型均向外突出，为通高玻璃体，晶莹剔透，面向凤城二路与文景公园均有良好展示。

　　万怡酒店在项目西南角，酒店主入口正对凤城二路，面向凤城二路退让，形成酒店落客区与景观广场，酒店在 1 层设置穿梭大堂，酒店大堂、餐厅、会议与宴会厅位于西南侧裙房的 3、4、5 层，6~20 层为 260 间酒店客房，并在 20 层设置副总统套房。

　　超高层办公塔楼位于场地东侧偏南，并退让东侧用地红线 15 m，办公大堂 1、2 层通高，5 层与 20 层分别为两个避难楼层，6~19 层为低区办公楼层，21~30 层为高区办公楼层。

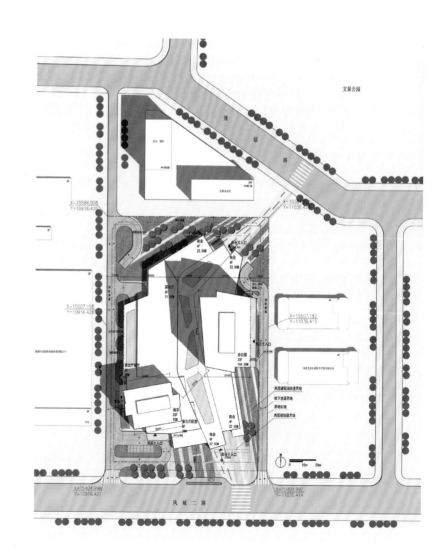

西安大夏国际中心

XI'AN DAXIA INTERNATIONAL CENTER

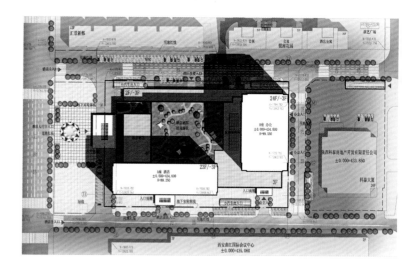

设计时间　2011 年
建成时间　2016 年
建筑面积　135 202 m²
建设地点　陕西省·西安市
项目获奖　2020 年陕西省优秀工程勘察设计二等奖

西安大夏国际中心位于曲江新区会展核心区、电视塔和曲江会展中心东侧、曲江国际会议中心北侧、包括一栋有 400 间客房的五星级万丽酒店和一栋甲级写字楼及其配套裙房。地上裙房 4 层，酒店 23 层，写字楼 24 层，地下 3 层，总建筑面积约 13.5 万 m²。

布局形态：分区合理，有机结合

总体布局将 A 座酒店客房塔楼设置在地块南侧，B 座办公塔楼设置在地块东侧，最大限度地避免对北面住宅小区的日照遮挡。裙房采取满铺、化零为整的方式，以满足万丽品牌对酒店配套功能和面积的要求。裙房西侧朝向电视塔和会展中心，景观朝向极佳，故将酒店主入口设置在

西侧。酒店宴会厅、会议中心等的团队入口设置在地块南侧，朝阳且毗邻南面的国际会议中心。酒店后勤货物出入口设置在地块的北侧。在空间方位上各种功能入口分隔布置，使之既相互独立又有联系。

建筑风格：朴素典雅，简洁大气

两栋塔楼西侧面向电视塔和会展中心。西侧是整个项目景观朝向最佳的方位，办公塔楼标准层约 2 000 m²，体块比例略显敦实。故在西侧的立面处理上，采取石材线脚竖向划分的手法，下大上小，最大限度地提高西面客房和办公室的采光，并且在塔楼立面上获得一种近大远小、挺拔、纤细的效果。

中晶科技广场

ZHONGJING TECHNOLOGY PLAZA

设计时间　2013 年
建成时间　2019 年
建筑面积　150 969 m²
建设地点　陕西省·西安市

　　中晶科技广场位于西安市高新区团结南路与唐兴路交会处东南角，是以办公、酒店为主的综合性高层建筑。其属于一类高层建筑，耐火等级一级，抗震设防烈度 8 度，采用框架剪力墙结构体系。

　　项目总建筑面积 150 969 m²。1#、2# 办公楼为 23 层；3# 楼酒店主体为 19 层，4# 楼酒店裙房为 3 层；地下室为 2 层停车库、设备机房及 6 级防空人员掩蔽所。

　　项目所在的西安高新区核心区域可谓寸土寸金，设计之初立意于在有限的空间内进行无限的意境构造，设计团队从总体与城市环境入手，结合办公 + 酒店的特点，使建筑不仅融于环境之中，而且将环境引入建筑之中，根据建筑的使用功能结合不同景观设计营造不同的空间气氛，从而改善城市形象界面，创造全新的闹市中的绿洲，达到不出城市而获山林之怡的境界。

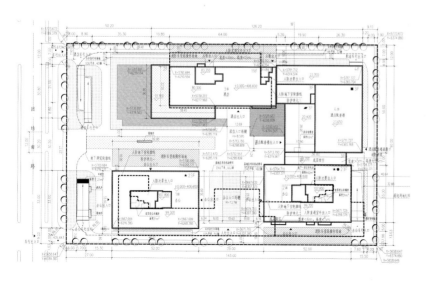

哈萨克斯坦阿克套市度假酒店

AKTAU CITY RESORT, KAZAKHSTAN

设计时间　2016 年
建成时间　在建
建筑面积　35 000 m²
建设地点　哈萨克斯坦 · 阿克套

阿克套是哈萨克斯坦西部、里海沿岸的一个城市，也是曼格斯套州的首府。

度假酒店位于阿克套西南部的里海沿岸。基地选址优越，整体地形为坡地，坡上紧临滨海道路，易于到达，坡下为当地著名的度假沙滩，视野开阔，拥有独特的自然环境。

酒店拥有 200 间客房，同时配有健身房、景观泳池、SPA 室、餐厅、俱乐部、会议室等，充分满足了来此度假的顾客的需求。酒店共 12 层，是此区域海岸沿线最高的建筑。

里海上往来船只众多，平日多见各式的帆船行驶在海平面上。建筑结合环境，取意"白色风帆"，设计为独特的三角立体造型，同时外立面材质采用了当地特殊的白色贝岩材料，从海面上看，建筑就像一叶白帆，漂浮在平静的海上，融入整个海岸线的环境当中。阳光、海水、沙滩……清新纯净的自然环境让来此度假的游客身心得到彻底的放松。

西安民生百货大楼

XI'AN MINSHENG DEPARTMENT STORE

设计时间　1987 年
建成时间　1994 年
建筑面积　136 500 m²
建设地点　陕西省·西安市

　　西安民生百货大楼位于西安市解放路，1996 年投入使用，被誉为"西北商业第一楼"，是一座现代化的综合性商贸大厦。该建筑由西安民生商业集团投资兴建，是当时国内十大商贸企业之一。大楼由商场、餐饮区、娱乐区、宾馆、写字间、集团办公区等组成。大楼平面布局合理，功能划分明确，结合周边城市道路设置商场顾客入口、宾馆办公入口、内部职工入口、货运车流入口。内部设计合理布置垂直交通、设备用房、商场、仓库，较好地满足了超大型高层商业综合性建筑的功能要求。

锦园五洲风情园

JINYUAN WUZHOU STYLE GARDEN

设计时间   2004 年
建成时间   2008 年
建筑面积   29 722 m²
建设地点   陕西省·西安市
项目获奖   2005 年中国威海国际建筑设计大奖金奖

锦园五洲风情园位于西安古城保护区内，南临西五台，东临古都大酒店和古都艺术中心，北临城市干道莲湖路，西边为古城墙玉祥门，其地理位置及建筑特性在古城区内十分重要。古城格局的保护、传统建筑的继承、深厚文脉的底蕴、生活方式的延续，这些历史条件及文化背景为设计师提供了创作的灵感和源泉，促使他们从中去寻找和理解现代建筑与传统建筑的文脉，创造富有地域文化特色并与城市肌理相和谐的建筑空间。

新建筑的肌理应渗透传统建筑的脉络，新与旧的融合是对传统建筑的一种延续和对城市肌理的呼应。在总体布局中，把握好空间尺度最为关键。该方案采用民居和小店铺的序列格局，设计了二纵一横3条轴线，将2、3层高的高低错落的几组不同青砖白墙单体建筑连为一体，围合成不同大小的空间院落和尺度适宜的巷道，空间有收有放，不仅很好地解决了人流组织和空间尺度问题，也为构思建筑空间造型和景观序列创造了条件，使建筑布局与古城建筑格局相吻合。

西安熙地港购物中心

XI'AN CITYON SHOPPING CENTER

设计时间　2012 年（合作设计）
建成时间　2016 年
建筑面积　299 630 m²
建设地点　陕西省·西安市
项目获奖　2020 年陕西省优秀工程勘察设计奖一等奖

西安熙地港购物中心位于西安市凤城七路与未央路十字交叉口西北角，总用地面积 31 760.7 m²，总建筑面积 299 630 m²，其中地上 212 000 m²，地下 87 630 m²。项目规划为地下 3 层，地上裙房 6 层（高 33.65 m），2# 主楼 35 层（高 149.65 m），3# 主楼 28 层（99.85 m），是大型城市商业综合体。整体业态分布：裙房为商业购物中心、2# 主楼为超高层办公楼，3# 主楼为酒店及办公楼。本项目商业面积 141 738 m²；交叉口东北角为大融城购物中心，目前三者构成张家堡商圈的重要组成部分，同时本项目已成为该商圈的龙头和西安大型商业综合体中商业购物中心空间设计的新典范。

大唐西市

TANG WEST MARKET

设计时间　2005 年
建成时间　2013 年
建筑面积　360 000 m²
建设地点　陕西省·西安市

　　大唐西市项目是在唐长安西市遗址上重建的以盛唐文化、丝绸文化为主题的国际商旅文化产业项目，在城市的发展过程中起着连接老城与新城的纽带作用。同时，该区域曾经是盛唐时期世界上最大的国际化贸易中心——唐西市所在地。规划设计以"市"为主导，融文博、会展、

旅游、购物、休闲、娱乐、餐饮、居住等功能为一体，注重环境设计、空间效果和经济效益，创造出一块片格局上具有唐朝里坊制式、建筑上具有唐朝古典神韵、功能上符合现代消费理念的大唐旅游商贸文化园区。

西安金美达商业广场

XI'AN JINMEIDA COMMERCIAL PLAZA

设计时间　2011 年（合作设计）
建成时间　2016 年
建筑面积　81 998 m²
建设地点　陕西省·西安市
项目获奖　2017 年陕西省优秀工程勘察设计二等奖

　　本项目地处西安市曲江新区核心地段，周边有大雁塔、大唐不夜城、曲江芙蓉园等众多商业、文化、酒店项目，有浓厚的文化气氛和良好的商业基础。地块位于大雁塔南北广场景区南部西侧，南临雁南一路，西靠慈恩西路，用地东侧和北侧为仿唐住宅区，其中东侧有商业步行街，为东西、南北长均为 140m 左右的方形地块。本项目包括由独栋单元组成的中高档餐饮广场和有 60 间客房的精品酒店，容积率 1.8，总建筑面积 81 998 m²，打造该地区新的商业活力之源。

布局形态：两纵两横，传承文脉

　　整体布局采用二横二纵商业街道划分场地，形成九宫格的街坊布局，与旧长安城的规划布局相吻合，延续城市文脉，重新体现文化街区的特点。中心广场以两个圆弧形体块打破单调的横平竖直的布局，成为活跃元素。

建筑风格：唐风造型，厚实饱满

　　建筑造型承继唐风建筑 "大屋顶、长出檐"的特点，造型鲜明，立面凹凸起伏，给人西安城墙般厚实饱满的感觉。

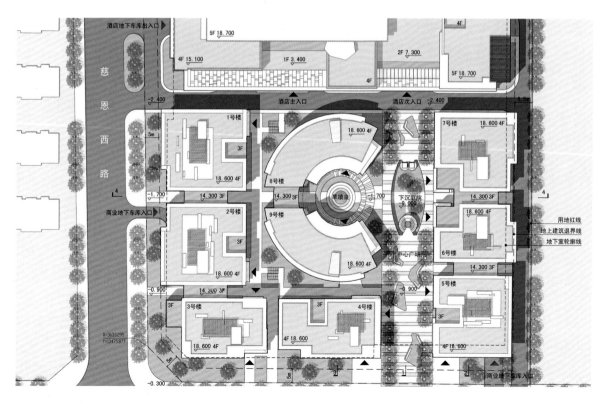

西安爱家朝阳门广场商业办公综合体

XI 'AN AIJIA CHAOYANGMEN PLAZA BUSINESS AND OFFICE COMPLEX

设计时间　2012 年
建成时间　2016 年
建筑面积　233 495 m²
建设地点　陕西省·西安市
项目获奖　2017 年全国优秀工程勘察设计行业奖三等奖
　　　　　2017 年陕西省优秀工程勘察设计一等奖

本项目建设基址位于陕西省西安市朝阳门外环城东路与长乐西路十字路口东南角，南临西安市城市改造建设有限公司"安仁坊"棚户区改造安置用地，北临长乐西路，东临搪瓷厂家属院及中兴路，西临环城东路及城墙。地铁一号线站点出入口建于此，交通便利、位置显要。此处是解放路商圈与长乐路商圈的重要结合点和朝阳门外最重要的商业节点、景观节点。

对立统一，新旧相生

项目西、北临城市主干道，尽可能退让红线，和环城公园结合形成市民广场，成为朝阳门内外高密度商业片区的衔接枢纽。项目西侧有明城墙和环城公园，建筑形体由西向东层层退台，形成递进韵律，设计采用虚实对比的手法将庞大体量消解为若干水平展开的与明城墙尺度相似的简洁体块。建筑不简单模仿大屋顶，力求风格对立统一。城墙与建筑形成新旧相生的特殊效果，相得益彰。

合理布局，有机融合

本建筑涉及地下车库、设备用房、人防工程、地铁站出入口、超市、物流装卸中转区、百货商场、餐饮区、影院、办公区及公寓式办公区等使用功能，各功能在横向和纵向上得到合理布局。

组织流线，完善消防

项目各流线互不干扰，分时段使用，管理方便，且经消防性能化专题论证会通过。

教育建筑
EDUCATIONAL BUILDINGS

西安交通大学规划

PLANNING OF XI'AN JIAOTONG UNIVERSITY

设计时间　1952 年
建成时间　1959 年
建筑面积　380 000 m²
建设地点　陕西省·西安市
项目获奖　入选陕西省近现代保护建筑名录

　　西安交通大学校园总体规划及中心大楼建筑设计由华东工业建筑设计院于 1956 年 1 月完成，主持参与校园规划和中心大楼设计的人员于 1956 年 2 月整建制调入西北院，继续完成工程相关配合工作。1957 年，西北院完成体育馆建筑设计、1959 年完成图书馆设计、1986 年完成新图书馆（钱学森图书馆）设计、2000 年完成康桥苑（学生食堂）设计、2008 年完成教学新主楼设计。

　　教学区以中心大楼为主体，形成明显的中轴线，各系教学楼分列中心大楼两旁，沿中轴线向南与中心大楼相对应的为图书馆，图书馆左右两侧分别为运动场地和实习工厂，再往南为学生生活区，新开南大门，通向友谊东路，校区的东南角规划为留学生生活区，再往南新开一座交大科技园。

西安交通大学教学主楼

MAIN TEACHING BUILDING OF XI'AN JIAOTONG UNIVERSITY

设计时间　2001 年
建成时间　2006 年
建筑面积　58 000 m²
建设地点　陕西省·西安市
项目获奖　2007 年陕西省优秀勘察设计一等奖
　　　　　2008 年全国优秀工程勘察设计行业奖三等奖

西安交通大学坐落于古城西安的东南，北临唐兴庆宫遗址公园，总体规划呈对称格局，有明显的南北中轴线，南北校门、图书馆、行政楼、体育馆等重要建筑均坐落于中轴线上。教学主楼位于交大兴庆校区核心位置，中轴线中心是以各类公共教室、实验室、研究室、行政办公用房等组成的教学科研综合体，总座位数为 10 736。设计结合原有地形营造丰富的室外庭院及交往平台。教学主楼采用方正的布局，成为整个校区的核心，与交大校园整体规划格局相呼应。

中国矿业学院（现中国矿业大学）

CHINA MINING COLLEGE（CHINA UNIVERSITY OF MINING TECHNOLOGY）

设计时间　1978 年
建成时间　1984 年
建筑面积　21 000 m²
建设地点　陕西省·西安市
项目获奖　1986 年建设部优秀设计二等奖
　　　　　入选徐州近现代保护建筑名录

　　本项目位于徐州市南郊风景区，距市中心约 6 km。校区平面接近方形，东西宽 900 m，南北长 920 m。校区总体规划分为南北两部分：北部为教学区，布置有教学区、实验区、学生生活区和运动场地；南部为教职工生活区。

　　教学中心区按照"轴线构图"进行布局。北校门、教学主楼、图书馆、西山亭构成了明显的南北轴线。在轴线的两侧分别为电化教学馆、科学馆、中心实验室等。在中轴线上，自北向南有着层次分明的空间组合。

　　由教学主楼、地质系楼和科研所围成的"三合院"式的北广场是进入校区的第一个空间。该广场的格局与建筑造型都是对称的，给人以端庄、博大之印象。由图书馆、中心实验楼、电化教学馆、科学馆和教学主楼围成的"四合院"式的南广场是教学中心区的主要室外空间，给人以自然、亲切之感。教学主楼地上 10 层，总高 45 m，建筑造型简洁明快、端庄大方，南北视野尤为开阔，景观效果较好，建成后已成为该校的中心和标志。

西安交通大学科技创新港科创基地项目

XI'AN JIAOTONG UNIVERSITY SCIENCE AND TECHNOLOGY INNOVATION HABOR AND BASE PROJECT

设计时间　2016年（合作设计）
建成时间　2019年
建筑面积　1 594 411 m²
建设地点　陕西省·咸阳市
项目获奖　2020年陕西省优秀工程勘察设计一等奖

西安交通大学科技创新港科创基地项目位于陕西省西咸新区沣西新城，占地1.17 km²，共计52个单体，总建筑面积159.44万 m²；包括1#～4#科研楼、5#文科楼、6#米兰学院、8#工程楼、9#多功能阅览中心、医学化工板块（18#~22#楼）、核心地下室、3栋学生食堂（15#、16#、17#）34栋学生宿舍（A、B、C区）等，是集教学科研、会议办公、学术交流、图书阅览、文体锻炼、生活服务等为一体的大型智慧学镇。

项目以西迁大道为中轴线对称布局，东西走向的中央活力带将各个组团串联起来。通过对西安交通大学老校区建筑的分析，提炼出院落、三

段式、圆拱、柱廊以及老虎窗几种建筑要素，使建筑形象与校园总体风格相协调。建筑在空间规划、建筑造型、建筑细部等方面，传承"南洋公学"和西安交大历史文脉。

宏伟庞大的建筑群结合传统院落布局，形成简欧风格的围合结构。主轴线上的5#楼文科楼，顶部造型节节攀升，彰显开放包容、沉稳庄重的建筑形象。医学化工板块模块化布局，幽静雅致。工程楼、阅览中心造型错落有致，彰显创新文化。学生宿舍单人单间，体现人文关怀。学生食堂内装色彩鲜明，营造舒适的就餐环境。

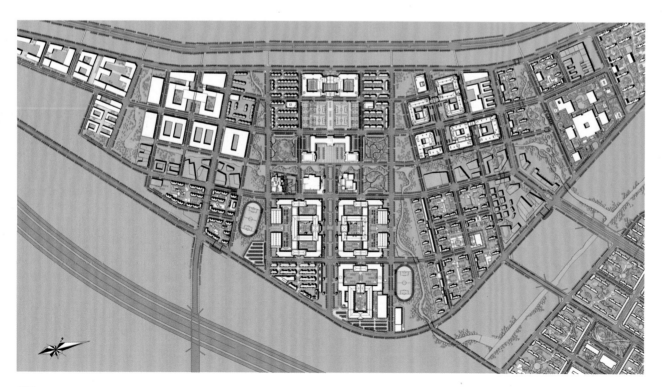

西安交通大学科技创新港科创基地项目 6 号楼米兰学院

XI'AN JIAOTONG UNIVERSITY SCIENCE AND TECHNOLOGY INNOVATION HARBOR AND BASE PROJECT, BUILDING 6, MILAN ACADEMY

设计时间　2016 年（合作设计）
建成时间　2019 年
建筑面积　10 467 m²
建设地点　陕西省·西安市
项目获奖　2020 年陕西省优秀工程勘察设计二等奖
　　　　　2019—2020 年度中国建筑学会建筑设计奖公共建筑三等奖

本项目位于西安交通大学西咸新区中国西部科技创新港，是米兰理工大学与西安交通大学为研究与合作交流而设立的联合设计学院与创新中心。该项目是为面向不同文化和创新理念而设立的集思广益的中心，是一个将研究、实验、创新型研究生教学融为一体的场所。

该项目主要功能为科研办公，地下一层为报告厅、车库；一层为研究教室、会议室、公共交流空间及餐厅；二层为小型研讨区；三层至六层为开敞办公区。结构主体形式采用板柱剪力墙结构，塔楼部分采用无梁楼板结构，以满足建筑内部开敞空间的需求。本项目已成为西安交通大学科技创新港的标志性建筑之一，加强了中意之间的文化交流与合作，具有重要的政治、文化和社会意义。

西安音乐学院演艺中心、学术交流中心

PERFORMING ARTS CENTER AND ACADEMIC EXCHANGE CENTER IN XI'AN CONSERVATORY OF MUSIC

设计时间　2008 年
建成时间　2014 年
建筑面积　67 969 m²
建设地点　陕西省·西安市

西安音乐学院演艺中心、学术交流中心地处西安市长安路与南二环路十字路口的西南角，项目已纳入该地段城市景观的一部分，成为城市地标的重要组成部分。项目位于校园东北角，占地 14 091.6 m²，总建筑面积 67 969 m²。演艺中心设有一个容纳 1 006 名听众的交响乐音乐厅，一个容纳 266 座的歌舞排练厅和两个 186 座的小排练厅，以及校史展示、乐器博物馆；学术交流中心设置有对外交流服务的商业、餐饮、会务接待、酒店等功能，以及相关配套辅助设施。

规划布局：融于城市，整合校园

音乐厅的方案设计从城市设计的角度进行创作，考虑外部区域大范围乃至整个城市，做到有机协调、和而不同，使建筑成为城市的有机组成部分。

功能设计：复杂性、综合性、专业性、集合性

　　建筑的使用功能具有复杂性、综合性，众多功能集合于演艺中心和交流中心这一组建筑中，建筑本身已经提升为具有多功能、综合性的大型城市综合体。

空间设计：灵活多变，富有个性

　　建筑室内空间顺应建筑外部退台式坡屋面形式，在各层平面端部形成退台式的坡屋顶特色中庭空间、休息厅空间和功能空间，形成丰富、灵动的建筑内部特色空间。

建筑风格：传承文脉，体现音乐建筑的特点

　　音乐厅取中国唐风建筑群体屋顶错落层叠的意象，取意秦岭山水叠嶂的印象，以抽象的手法，反映出连绵不断、起伏律动的建筑形象以及音乐圣殿的特色文化内涵。

北京大学光华管理学院西安分院

XI'AN BRANCH OF GUANGHUA SCHOOL OF MANAGEMENT, PEKING UNIVERSITY

设计时间　　2012 年
建成时间　　2014 年
建筑面积　　54 994 m²
建设地点　　陕西省·西安市
项目获奖　　2015 年全国优秀工程勘察设计行业奖二等奖
　　　　　　2015 年陕西省优秀工程勘察设计一等奖

　　北京大学光华管理学院西安分院是除北京本部之外，继深圳、上海之后的第三所分院。学院选址于西安临潼国家旅游休闲度假区骊山脚下，凤凰大道与芷阳三路交会处，紧临贾平凹文化艺术馆和悦椿度假酒店，总用地面积 40 000 m²，周围区域自然环境优美，历史文化底蕴深厚。在此片区之中，塑造一座与周围环境相协调且具有文化格调的高等学府是西北院创作设计中研究的重点。

传统建筑随着时间的消逝经历了沧桑巨变，但中国本土文化讲究集聚氛围和个体随意性，能聚能分的生活形态一直在延续。从古至今的中式建筑都离不开"院"，设计团队将院落空间的塑造贯穿于设计的全过程。校园规划从中国传统书院以及关中民居的布局中寻找灵感，将不同功能的教学建筑与场院围合，并巧妙处理地形高差，塑造出前庭、内院的序列空间。

学院大门位于学校用地的北端，学院报告厅、学员培训酒店分别位于大门两侧，二者在满足日常教学的同时，也对外开放。综合教学楼位于大门的正前方，主要有办公、展厅、图书馆、会议、教学等功能。3座建筑与主题雕塑、景观绿化共同围合出中式院落的第一进院落——开放的文化礼仪广场。人处于院落之中，可以将学院的整体风貌收于眼底。

穿过礼仪广场，通过缓慢抬升的大踏步到达教学区。教学区由综合教学楼与东、西、南三面的教学楼有机组合，围合成第二进院落——教学内庭院。综合教学楼相当于传统四合院中的倒座，主入口位于倒座的西侧，没有正对内庭院。其他各楼位置与关中传统民居四合院中的厢房、正房一一对应。设计团队在校园规划中，继承了中国传统书院的造园手法，并将关中两进院子的建造思路整合到设计中，加以演绎，塑造出高低错落的建筑群、围合有序的院落空间，自然形成了一组半开放式的教学场所。

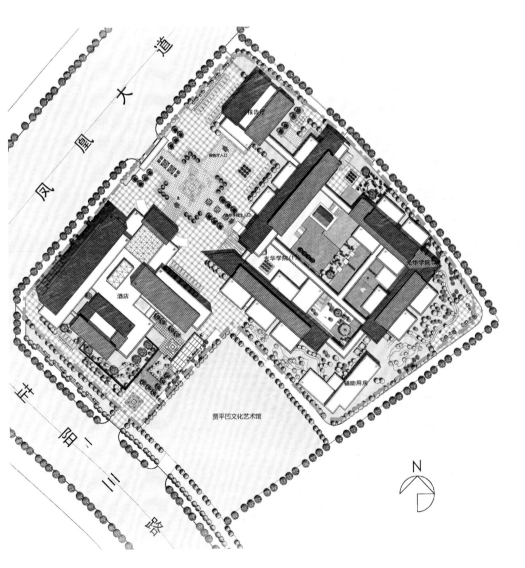

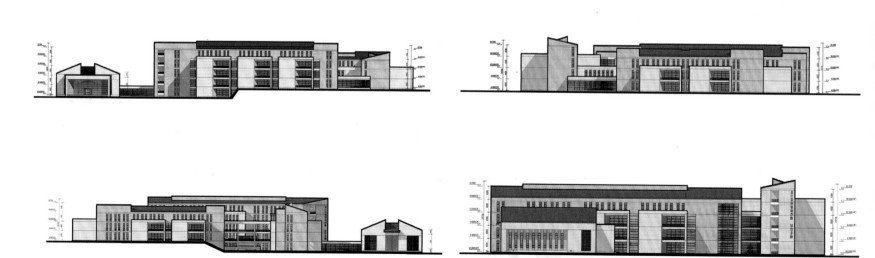

西北农林科技大学国际合作交流中心

INTERNATIONAL COOPERATION AND EXCHANGE CENTER OF NORTHWEST
AGRICULTURE & FORESTRY UNIVERSITY

设计时间　2003 年
建成时间　2004 年
建筑面积　16 680 m²
建设地点　陕西省·咸阳市

　　国际合作交流中心位于西北农林科技大学新校区内，地上 7 层，局部退台，地下局部一层，与两侧的图书馆和教学楼共同构成整个新校区的中心区。中心区集行政管理、国际合作、学术交流、科学研究多功能于一体，是新校组建合并的标志性建筑区域。整体环境设计紧密结合学校发展战略与定位，建筑布局注重单体建筑相互间的有机组合，造型风格以凝聚文化意蕴和文脉传承的田园风格为主，并突出建筑同区域生态型环境的内在逻辑联系，从而形成秩序严谨而又充满视觉和感受亮点的空间环境序列，彰显新型农林大学的内涵与活力。

陕西科技大学新校区教学主楼与实验楼

THE TEACHING BUILDING AND LABORATORY BUILDING IN NEW CAMPUS OF SHAANXI UNIVERSITY OF SCIENCE & TECHNOLOGY

设计时间　2004 年
建成时间　2008 年
建筑面积　7 800 m² （教学主楼），87 364 m² （实验楼）
建设地点　陕西省·西安市

实验楼群位于校园西南角，临近中心湖。方案通过南北、东西轴线控制整组建筑群。整组建筑群布局连贯紧凑，各个建筑功能分区明确，规模适中，穿插组合形成多个或开敞、或围合的庭院空间，富有变化及弹性。

教学楼群位于校区中轴线东侧，规划用地近似矩形。西面是位于校区中轴线上的图书馆，与实验楼群隔湖相望，共同组成校区中心建筑群。南北轴线在板式楼的西侧将教学楼串成整体，形成了集交通疏散、沟通交往、休憩赏景于一体，平面关系简洁、空间层次丰富的"学街"。东西轴线位于教学主楼中部。3 层高的架空使得教学楼庭院与步行街、绿化广场、校园湖面融为一体，给严谨的教学空间注入了生机与活力。

西北大学南校区

SOUTH CAMPUS OF NORTHWEST UNIVERSITY

设计时间　2002 年
建成时间　2010 年
建筑面积　160 000 m²
建设地点　陕西省·西安市
项目获奖　2011 年陕西省优秀工程勘察设计一等奖
　　　　　2013 年全国优秀工程勘察设计行业奖二等奖

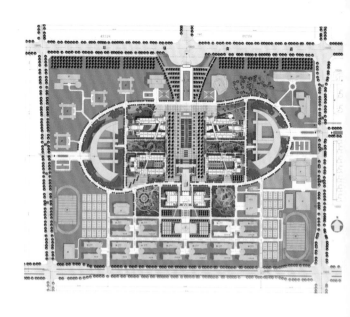

　　西北大学是我国著名的百年名校，文、理、工、管、法学科齐全，为教、学、研并重的全国重点综合大学。南校区图文信息中心、公共教学楼和院系教学楼是校园南北主轴线上最重要的建筑群，是校园中心的标志，也是南校区核心的活动场所。

　　项目的总体构思强调东西柱廊。在功能上，其强化东西教学楼的空间联系，突显标志性建筑的中心地位，并使中心区景观更富有层次和变化，也为各类活动的举办提供场所。立面设计遵循典雅、现代的设计风格，局部采用幕墙，其与富有韵律的窄条窗形成强烈对比，也强化了入口。窗楣上的金属装饰带使建筑更具现代感，同时教学楼与图书馆协调共生，表现出校园建筑"宁静致远"的高雅格调。

西北工业大学长安校区学生活动中心

STUDENT ACTIVITY CENTER OF CHANG'AN CAMPUS OF NORTHWESTERN POLYTECHNICAL UNIVERSITY

设计时间　2003 年
建成时间　2005 年
建筑面积　1 484 895 m²
建设地点　陕西省·西安市
项目获奖　2009 年全国优秀工程勘察设计行业奖三等奖
　　　　　2009 年陕西省优秀工程勘察设计一等奖

除南校门处的 60 m 高标志塔外，长安校区的建筑的层数均不超过 6 层，教工生活区以多层建筑为主，北侧有少量高层建筑。建筑造型力求简练，力求以简单的形体组合出丰富的空间和群体轮廓。校园建筑群以灰白二色为主，灰为主色调，白为副色调，生活区色彩活泼丰富一些，以营造温馨的生活气息。整个校园形成点线面相结合的绿化系统，形式新颖，层次丰富，风格各异，过渡自然，收放有致，步移景异。

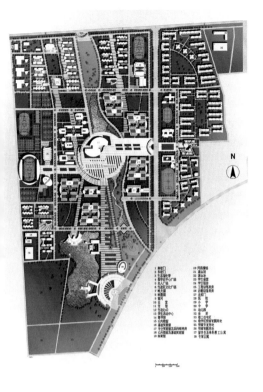

四川大学江安校区艺术学院

ARTS COLLEGE OF JIANG'AN CAMPUS OF SICHUAN UNIVERSITY

设计时间　2003 年
建成时间　2005 年
建筑面积　13 660 m²
建设地点　四川省·成都市
项目获奖　2005 年中国威海国际建筑设计大奖赛优秀奖
　　　　　2009 年中国建筑学会新中国成立 60 周年建筑创作大奖

　　本建筑本身具有较好的生态效应，是自然景观不可或缺的部分。 艺术学院的多种功能适当分区，通过院落组合达到动静分离。多种观景与借景的场所形成有利于艺术创作的环境。多层次立体绿化、高低错落的建筑轮廓线和标志塔共同构成可观赏、具有很强标志性的建筑形式。项目设计通过建筑的空间、光影、材料质感、比例尺度等，为师生营造出别样艺术氛围，特别是连续性院落等富有地域特征的空间形态，可激发艺术学院师生的创作活力。

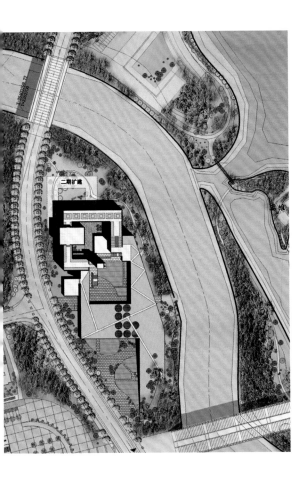

重庆大学虎溪校区综合楼

COMPREHENSIVE BUILDING IN HUXI CAMPUS OF CHONGQING UNIVERSITY

设计时间	2004 年
建成时间	2005 年
建筑面积	22 922 m²
建设地点	重庆市
项目获奖	2011 年全国优秀工程勘察设计行业奖二等奖
	2011 年陕西省优秀工程勘察设计三等奖

重庆大学虎溪校区综合楼主要用作外语教学和多媒体教学，并有制图教室、阅览室、学术报告厅、办公室等。根据功能特点，设计团队采取了"过渡"的方式将建筑与坡地结合在一起，大大小小高低不同的多媒体教室、报告厅等散布在坡地上，在满足使用要求的同时形成了岩石般的基座。基座部分使用本地石材，两幢楼沿着基座向上生长，浑然一体。一幢为教学楼，另一幢为阅览室、办公室，两幢楼坐落在"基座"上的花园之中。空间设计重点考虑学生的活动特点、行为方式以及人流走向。整个建筑体形方正，错落有致，形式简洁大方。

电子科技大学清水河校区（成都）

QINGSHUI RIVER CAMPUS OF UNIVERSITY OF ELECTRONIC SCIENCE AND TECHNOLOGY（CHENGDU）

设计时间　2006 年
建成时间　2007 年
建筑面积　54 140 m²
建设地点　四川省·成都市
项目获奖　2011 年陕西省优秀工程勘察设计三等奖

电子科技大学清水河校区（成都）一、二号科研实验楼平面设计采用南北向大小跨进深的设计思路，使之满足科研实验、教学和行政办公对空间大小的使用需求。大教室、阶梯教室等学生使用率高的教室被设于一层及西侧，科研、办公、实验用房被设于其他各层，避免了教学科研与行政办公的干扰，合理地解决了竖向交通问题，并且有效解决了教室与其他功能用房的组合和使用问题。

建筑立面延续了电子科技大学校园建筑的文化脉络，并赋予其时代特征和浓郁的文化气息，反映出内部空间的逻辑性和韵律感，虚实相间，对比强烈，形成整体的"现代主义理性"风格，建筑轮廓简洁、平实。

渭南职业技术学院图书馆

LIBRARY OF WEINAN VOCATIONAL & TECHNICAL COLLEGE

设计时间   2011 年
建成时间   2017 年
建筑面积   31 000 m²
建设地点   陕西省·渭南市
项目获奖   2019 年全国优秀工程勘察设计行业奖三等奖
             2020 年陕西省优秀工程勘察设计奖一等奖

图书馆的建筑造型基于平面功能布局，同时考量校园形象要求、城市文脉特点、室内空间需求以及当地建造条件，催生出既能表达独特历史文化内涵，又能与校园景观、城市景观、自然环境相互融合的校园标志性建筑。

考虑到图书馆本身蕴含的文化特质和城市自身灿烂的文化传承，建筑造型设计借鉴和抽象了地域民居形式，通过将关中民居"房子半边盖"的单坡屋顶形式进行符号演绎，并在其高层上人屋面嵌套另一组单坡四合院，形成"院中院"的特殊形态。结合展览功能的单坡屋顶采光天窗的设置，在契合建筑功能的同时，形成层叠错落的建筑轮廓。

西安美术学院主楼与图书馆

THE MAIN BUILDING AND LIBRARY OF XI'AN ACADEMY OF FINE ARTS

设计时间　1992 年
建成时间　1994 年
建筑面积　15 000 m²
建设地点　陕西省·西安市
项目获奖　1998 年陕西省优秀工程勘察设计二等奖

　　西安美术学院位于西安市南郊文教区。其主楼是一座高低结合、平面灵活多变的大楼，包括办公楼、教学楼、图书馆、美术展览厅及讲堂等。最高点距地面 54.7 m。教学楼在后面，高 7 层；办公楼略高一些，突出的两个塔体成为主楼的造型特征。中间的凹陷与遥遥相对的大雁塔形成阴阳互补的关系。经过造型处理的建筑具有鲜明的地方特色和明显的雕塑感。

西安美术学院特殊教育艺术学院教学实验中心教学楼

TEACHING BUILDING OF TEACHING EXPERIMENT CENTER OF ART ACADEMY OF SPECIAL EDUCATION OF XI'AN ACADEMY OF FINE ARTS

设计时间　2017 年
建成时间　2020 年
建筑面积　14 525 m²
建设地点　陕西省·西安市

　　本项目建设用地位于西安美术学院长安校区，根据校园总体规划，用地四周均规划有校园道路，与校园其他区域交通联系便捷；北侧为学生生活区，东侧为室外运动场地，各功能区联系密切；西侧为校园核心景观带与教学区，视野开阔，景色秀美；南侧为保留绿地，可近观乡野林地，远眺秦岭山川。建筑局部三层，独立设置地下室，是一座包含教学实验、会议展览、科研办公等功能的复合型教学建筑。作为西安美术学院长安校区第一座建成的建筑，本项目不仅承载了一期校园的主要教学、科研及办公活动，同时也充分通过建筑的表达，凸显出美术学院独特的艺术气质。

　　本项目通过自由曲线、逐层缩减的建筑造型，呼应原始场地的高差及形态，将低矮的建筑主体掩映于景观林地之中；延续场地东西两侧坡地至建筑一层的绿化景观屋面，由北侧道路自然放坡至一层室外地坪，将建筑与地形有机融合的同时，保证教学实验空间的自然通风采光。

　　室外坡道、踏步、平台的灵活设置形成立体交通网络，使建筑紧密连接室外场地的同时，也将各个方向的人流直接引入建筑各层，保证各功能空间均可从室外直接抵达、独立使用。

西咸新区第一高中项目

XIXIAN NEW AREA NO. 1 HIGH SCHOOL PROJECT

设计时间　2020 年
建成时间　在建
建筑面积　95 540 m²
建设地点　陕西省·西安市

项目地处西咸新区中央商务区核心区范围，作为核心区范围内首个高级中学，区位优势显著，对新区的发展意义重大。

设计理念方面，西北院将丝路意象融入建筑形态，形体的曲折流动象征丝路精神的延续，灵动的空间让学习的氛围更显共享开放。布局采用"整体连贯、空间围合"的"弓"形结构，更加紧凑，各种设施联系更加密切，一气呵成，形成连贯且富有节律的空间模式。同时，设计将

庭院相接，以"一带，两轴"为基础结构形成灵活的空间布局，由传统的庭院空间衍生出 5 个建筑内部庭院. 庭院自成天地，又院院相通，取儒家"仁、义、礼、智、信"作为各园主题。

项目的整体造型以现代风格为主，建筑通过形体的穿插、材质的变化、空间的虚实对比形成轮廓清晰、形体鲜明的整体校园形象；白与橘黄的色彩搭配，使建筑充满学习气氛，亲切宜人，富有活力。

西安高新区第三学校项目

THE THIRD SCHOOL PROJECT OF XI'AN HIGH-TECH ZONE

设计时间　2019 年
建成时间　2020 年
建筑面积　42 743 m²
建设地点　陕西省·西安市

　　本项目共设计综合教学楼、综合配套楼及服务与配套楼 3 栋单体建筑。因用地规模紧张，且各类配套教学用房较多，按常规设计思路无法解决总体规划布局问题，因此创造性地提出以立体校园空间为设计核心，打造以"地坑窑院"为设计理念的教育综合体建筑。通过垂直空间的挖掘与利用，既解决了用地紧张的不利条件，又创造出了丰富的室内外立体空间，形成了独特、鲜明的校园风貌。

　　综合教学楼底层架空，将架空层设计为室外活动场地及绿化种植区，既解决了用地紧张带来的绿地率不足的问题，也在有限的用地中为学生室外活动及教学创造出开阔的场地。

　　综合配套楼屋面设计为室外运动操场，并配套学生看台、塑胶跑道等设施，以满足学生活动要求，并充分挖掘、利用室外运动操场下部空间，将报告厅、游泳馆、风雨操场、学生及教职工餐厅等大空间配套用房进行集中设置。

　　各单体建筑室外通过垂直多层次的连廊、大台阶、架空层等进行串联，形成了有机、丰富、有趣的立体校园。

中国延安干部学院

CHINA EXECUTIVE LEADERSHIP ACADEMY,YAN'AN

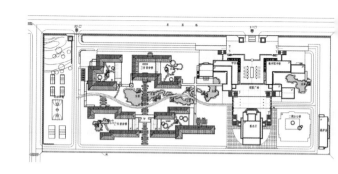

设计时间　　2002 年
建成时间　　2005 年
建筑面积　　31 870 m²
建设地点　　陕西省·延安市
项目获奖　　2005 年陕西省优秀工程勘察设计一等奖
　　　　　　2005 年建设部优秀勘察工程设计二等奖
　　　　　　2006 年中国建筑学会建筑创作佳作奖
　　　　　　2009 年中国建筑学会新中国成立 60 周年建筑创作大奖

　　中国延安干部学院是党中央在新形势下为加强领导干部的思想政治教育而兴建的三所教育基地之一（另两所是中国上海浦东干部学院、中国井冈山干部学院）。建筑占地面积约 68 000 m²，东西长约 400 m，南北纵深 170 m，用地位于延安枣园东 100 m 处，总体布局为园林式风格。东部为教学区，有教学楼、学员餐厅，报告厅呈"品"字形。一个轴线感明确且庄重、对称的教学区校园广场充分展现了政治院校的庄重特点。1～4 号宿舍楼位于用地西部。建筑布局为自由灵活的半封闭庭园式组合，为学员的学习生活提供轻松、舒适的环境。建筑外观采用传统的青砖处理手法，配以毛面石材，形成庄重典雅的学院建筑风格。同时，在教学区局部立面应用圆拱造型处理手法，突出了延安的地域特征。中国延安干部学院整体外观效果特点鲜明，时代感强，充分体现出"庄重、典雅、美观、大方"的设计指导思想，是一个特点鲜明、设计手法细腻、风格突出的优秀建筑设计作品。该设计项目表现了现代与传统、地域与文化内在统一的精品建筑风貌。2008 年该项目又进行了扩建。

梁家河干部培训中心

LIANGJIAHE CADRE TRAINING CENTER

设计时间　2017 年
建成时间　2019 年
建筑面积　3 801 m²
建设地点　陕西省·延安市
项目获奖　2020 年陕西省优秀工程勘察设计一等奖

梁家河干部培训中心选址于延川县梁家河村，位于紧临村落的山坳内，是中组部授予的陕西第一所"全国党员教育培训示范基地"。建筑的主要功能包含报告厅、培训教室、研修讨论室等，可供 300 人左右的团体在此培训学习。

顺应山势，布局浑然天成

梁家河村是典型的陕北窑洞民居聚落，基地周边是典型的陕北沟壑地貌，两侧临山，地处丘壑与村落之间。因此设计采用小体量组合式布局，削减建筑体量，使其与村落和山体环境构成良好的关系。从梁家河村落远眺，建筑主体仿若嵌入山体中的窑洞，自然、顽强又独具地域特色。

延续文脉，地域文化共鸣

建筑主入口面向梁家河村落，建筑主立面抽象陕北民居语汇——窑洞，与梁家河知青点窑洞遥相呼应，使建筑保持延安特色的同时体现现代浪漫，表现勇于超越的变革精神。建筑外墙红砂岩的运用，使其表皮更具立体感，犹如从黄土地中生长而出，极大地丰富了建筑的表现力，又恰如其分地彰显了延安的红色革命精神。

孟子研究院一体化建设项目

INTEGRATED CONSTRUCTION PROJECT OF MENCIUS RESEARCH INSTITUTE

设计时间　2016 年
建成时间　2022 年
建筑面积　77 970 m²
建设地点　山东省・邹城市

　　孟子研究院一体化建设项目由孟子研究院、党校及政德教育中心、市廉政教育展馆 3 部分组成。餐饮区、住宿区、体育馆、动力中心等配套服务设施在区域内共享以节省资源。

　　邹城是孟子故里，本项目规划、建筑、室内、景观等设计以孟子文化为主题。总体布局中轴对称、主从有序、背山面水、疏密有致。园区的中轴线上的节点，由南到北依次排列为正气坊、孟子像、规矩台、心池、孟子研究院博物馆、护驾山。

　　孟子研究院博物馆作为场地内轴线的对景建筑，借景护驾山作为轴线的端头远景和背景，拉长轴线序列的纵深感，营造了大气磅礴的中央轴线，突出孟子文化——仁政、性善、亲民、养浩然之气的核心主题。心池是全

园的核心景观。"心池"的名字源于孟子的"心性论"。孟子说"尽其心者，知其性也，知其性，则知天矣"。孟子研究院科研区设在博物馆的东侧，住宿区设在博物馆西侧。心池北岸的廉政教育馆和会议中心是孟子像与规矩台之间的轴线的东西两侧的重要建筑，与博物馆形成"品"字形布局。心池东岸是演播大厅，西岸是餐饮区。体育馆设在餐饮区南面。党校政德教育中心在用地东南侧，动力中心位于用地的西部。

孟子研究院以现代的细部处理手法和建构工艺，表现传统建筑的空间氛围。屋面采用深灰色镁锰合金矮立边直立锁边；墙面采用浅灰色石材幕墙。建筑单体以极简的形体，逐层收进，如巨石堆叠。园区建筑屋顶平坡结合，通过坡屋顶控制建筑群体的轮廓线。坡屋顶意象取自邹城汉画像石，平缓舒展的屋面带给观者安静平和的视觉体验，加上尺度宜人的回廊，朴实无华的柱式，体现孟子以民为本、重人贵生的仁爱思想。建筑群与北面远处的护驾山岩和谐共生、遥相呼应，体现建筑与自然和谐、天人合一、山川形胜的传统文化内核。

延安南泥湾劳模工匠学院

SCHOOL OF MODEL WORKERS AND ARTISANS IN YAN'AN NANNIWAN

设计时间　2021 年
建成时间　2022 年
建筑面积　51 996 m²
建设地点　陕西省·延安市

　　延安南泥湾劳模工匠学院建设项目位于延安市南泥湾红色文化旅游景区西北侧，红色教育组团区内。整体建筑风格以现代的手法，结合文脉地域特征，体现文化自信，同时符合时代要求及上位规划定位。

　　整体性：教学区建筑形体端正典雅，中正规矩，凸显出严谨的工匠精神；主立面通过简约的手法和细节对比，透射出博雅大气的建筑气质。建筑从立面的开窗排布形式到建筑细节的肌理都采用近似的建筑语言，传统与现代和谐统一。

　　标志性：主楼作为校园群体中的标志性建筑，以端庄大气的形象统领全局，两侧生活辅助用房以院落的形式与景观融为一体，形成独具特色的校园空间。

　　文化艺术性：校园空间巧妙引入水系，与建筑群体及绿地景观相辉映，使室外环境更加灵动优雅，充分体现 "陕北好江南" 的文脉地域特征。从建筑设计角度，方案因地制宜，形成叠落交错的建筑空间，既形成丰富的建筑景观层次，也与延安本土地形地貌及建筑建构特征充分呼应，彰显文化性和艺术性。

南水北调精神教育基地规划设计

PLANNING AND DESIGN OF SOUTH-TO-NORTH WATER DIVERSION SPIRITUAL EDUCATION BASE

设计时间　2015 年
建成时间　2018 年
建筑面积　49 000 m²
建设地点　河南省·南阳市
项目获奖　2020 年陕西省优秀工程勘察设计一等奖

南水北调精神教育基地建设项目所在的淅川县为楚文化的发源地，也是渠首工程所在地。项目功能为展览、教学、会议、住宿和食堂。

基地前区正对主出入口广场展开布置，会议中心和展示馆统一在覆斗形大屋顶下，居中为一极具精神力量的入口灰空间：光线从顶上洒下，照射在宁静的黑色水源石上，配合蜿蜒曲折的景观水系，象征南水北调中线工程的流域和城市，饮水思源，使参观者体会"忠诚奉献、大爱报国"的移民精神。后区为住宿生活区，可容纳 450 名学员住宿。

规划既突出建筑形象，又保证独立管理，内外有序，张弛有道。

朴实无华的建筑风格突出"水文化""楚文化""地域文化"。

造型采用南阳民居中明塘、天井的空间形式，为两个覆斗的变形组合，上扬下覆；屋顶提炼楚风飘逸、延展的特征，出挑深远；立面隐喻水坝的形象，竖向柱廊增强建筑的整体感和严肃性，形成了颇具气势的连续立面，丰富了光影变化，呈现出渠首大坝的意象。

建筑材料既呼应民居的砖和瓦，也呼应大坝中的混凝土元素：屋顶采用深灰色金属瓦，立面为清水混凝土与混凝土空心砌块相结合，拥有自然沉稳的外观，在隐喻水坝的同时，也体现出南水北调工程刚硬朴素的韵味。

南水北调精神教育基地拥有现代的建筑语言、朴实的建筑材料和丰富的空间设计，创造出庄重又充满活力的生态园区。

中国佛学院教育学院

EDUCATION COLLEGE OF THE BUDDHIST ACADEMY OF CHINA

设计时间　2008 年
建成时间　2011 年
建筑面积　47 616 m²
建设地点　浙江省·舟山市
项目获奖　2011 年中国建筑学会建筑创作佳作奖
　　　　　2012 年全国优秀城乡规划设计一等奖
　　　　　2013 年全国优秀工程勘察设计行业奖一等奖
　　　　　2013 年陕西省优秀工程勘察设计一等奖
　　　　　中国建筑学会建筑创作大奖（2009—2019）

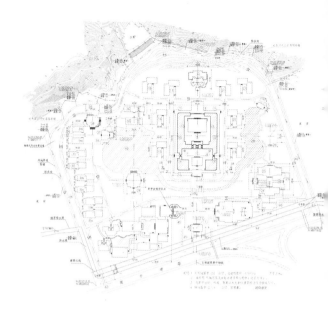

　　该学院总体上采用了沿中轴线基本对称的格局，特别是核心部位的礼佛区更是完全遵循了佛教寺院的严正布局，构成了本学院因山就势、奇正相宜、富有特色的整体格局。教育学院为校园景观的主体，在风格、体量、色彩、尺度以及群体配置上突出唐代风格。全院构成高低错落、主从有序的建筑整体。两座主要配景建筑各踞东西、和而不同，与中心区建筑构成了学院的宏观框架。同时，设计团队在不同的建筑组群中注意营造与功能相适应的个性化景观，从而丰富师生活动的微观环境。

行政办公建筑
ADMINISTRATIVE OFFICE BUILDINGS

陕西省建筑工程局办公大楼

OFFICE BUILDING OF CONSTRUCTION ENGINEERING BUREAU OF SHAANXI PROVINCE

设计时间   1952 年
建成时间   1954 年
建筑面积   7 800 m²
建设地点   陕西省·西安市
项目获奖   2009 年中国建筑学会新中国成立 60 周年建筑创作大奖入围奖
            2019 年入选第四批中国 20 世纪建筑遗产项目

　　该办公大楼整体 3 层，局部 4 层，主要以办公为主，兼有各类会议室。正立面处理成两层通高的巨柱通廊，以上退层并设歇山屋顶。3 层的女儿墙巧妙地成为通廊的檐口，这是一般中国古典式建筑创作中所罕见的，具有一定的独创性。檐口下的方形巨柱上设计了简化的雀替、额枋，点出了古典的主题。项目基本上延续了上一代建筑师对中国古典建筑现代化表现的手法，建筑形式庄重典雅，比例恰当，设计手法灵活，反映了作者高超的设计技巧和娴熟的中外建筑设计功底。西式的立面加中国古典的屋顶和装饰，响应苏联所提倡的"社会主义内容、民族形式"，也反映出强烈的纪念性和胜利者的英雄豪情。这一创作手法受到了各方的肯定。

西安邮政局大楼

XI'AN POST OFFICE BUILDING

设计时间　　1958 年
建成时间　　1960 年
建筑面积　　10 800 m²
建设地点　　陕西省·西安市
项目获奖　　2021 年第五批中国 20 世纪建筑遗产名录

　　西安邮政局大楼位于西安东大街与北大街的转角地带，平面布局呈"八"字形，带有明显的时代特色，但总体布局注重与钟楼这一地标性建筑的关系，大楼前边留出相当大的广场作为绿化缓冲地带，较好地突出了钟楼的中心地位。

　　邮政局大楼建成已 50 多年，一直是西安值得骄傲的标志性建筑。设计者妥善解决了传统与现代、新与旧、繁与简、主与从的诸多矛盾，使其很好地融入古城西安。整座建筑比例严谨，繁简得当，虚实相间，实为西安一座令人回味和值得纪念的现代建筑。

陕西省人民政府办公楼

PEOPLE'S GOVERNMENT OFFICE BUILDING OF SHAANXI PROVINCE

设计时间　　1983 年
建成时间　　1988 年
建筑面积　　62 994 m²
建设地点　　陕西省·西安市
项目获奖　　1987 年陕西省优秀工程勘察设计二等奖
　　　　　　1989 年陕西省 80 年代十大建筑

　　陕西省人民政府办公楼是一个长方形的实体，横向分成五段，竖向采用三段式设计。底下两层暗红色面砖形成底座，用橘红色"腰带"与上部分隔；在顶部及两座塔楼做橘红色琉璃板厚檐口；中段大片墙身贴米色面砖，采用竖线条处理手法，整个大楼显得稳重挺拔。室外大台阶直上二楼门厅，构成庄严、明快、简洁、和谐的风貌，并具有地方特色。这是一座新古典折中主义风格建筑，设计既受现状的限制，也受时代的局限，尽管鲜有创新，但还是恰当地回应了当时建筑与城市广场的关系，尊重了传统文化，也尊重了所处的时代。

中国驻喀麦隆共和国大使馆

CHINESE EMBASSY IN THE REPUBLIC OF CAMEROON

设计时间　　1983 年
建成时间　　1986 年
建筑面积　　5 500 m²
建设地点　　喀麦隆
项目获奖　　1989 年建设部优秀设计表扬奖

喀麦隆位于非洲中西部，属热带气候，气候湿热，终年日照强烈。为适应当地气候，便于开展外交工作和相应活动，项目以次要建筑和花格墙围合出内向型庭院。为突出中国特色，檐口采用琉璃瓦，为更好地与当地文化相融合，建筑师以湖蓝色替代传统的亮黄色。项目总建筑面积 5 500 m²，于 1986 年投入使用。

陕西省委办公新区

THE OFFICE NEW AREA OF SHAANXI PROVINCIAL PARTY COMMITTEE

设计时间　2007 年
建成时间　2009 年
建筑面积　106 832 m²
建设地点　陕西省·西安市

　　陕西省委办公新区是省委机关的主要办公大院，设计坚持以人为本，突出绿色生态建筑的理念定位，智能、节能、环保，体现高效、舒适、集约的现代办公环境特色。建筑汲取唐长安"四方城"及传统的"九宫格"布局，总体采用对称式布局，形成明确的南北向轴线，主从有序，层次分明，四周绿植环绕。主建筑群由北向南依次布置，较好地融入了大雁塔唐文化风貌区。

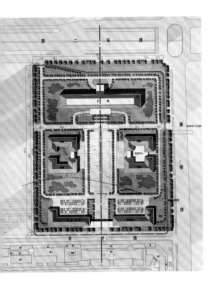

宁夏回族自治区党委办公新区

THE OFFICE NEW AREA OF NINGXIA HUI AUTONOMOUS REGION PARTY COMMITTEE

设计时间　2005 年
建成时间　2009 年
建筑面积　53 600 m²
建设地点　宁夏回族自治区·银川市
项目获奖　2009 年全国优秀工程勘察设计行业奖三等奖
　　　　　2009 年陕西省优秀工程勘察设计一等奖
　　　　　2009 年中国建筑学会新中国成立 60 周年建筑创作大奖

　　宁夏回族自治区党委办公新区根据场地特有的性质，布局既有明确的轴线和序列，又采用大量的自由式布局手法，具有对称、对位、对景的关系，层次分明，主从有序。设计大胆地采用金属坡屋顶，并努力反映时代特色，使整个建筑群严谨又不失活泼，既永恒又时尚，完美地解决了建筑与土地的关系问题。建筑轻柔地触摸大地，整个建筑群像一幅淡雅的山水画渐次展开，灰墙黛瓦，湖光山色，中西合璧，自然天成。

西安行政中心

XI'AN ADMINISTRATION CENTER

设计时间　2007 年
建成时间　2010 年
建筑面积　392 000 m²
建设地点　陕西省·西安市
项目获奖　中国建筑学会建筑创作大奖（2009—2019）

西安市行政中心位于西安北部张家堡广场东西两侧，附近的未央大道是西安著名的历史轴线——长安龙脉。这一轴线串联起汉唐、明清、现代不同历史时期的文化遗存。行政中心延续了西安传统轴线结构风格，强调新城与老城的血缘关系，一脉相承，但又和而不同。在整个设计中，设计团队强调传承历史、彰显特色，新行政中心已成为"长安龙脉"上的新起点和一颗璀璨的明珠。

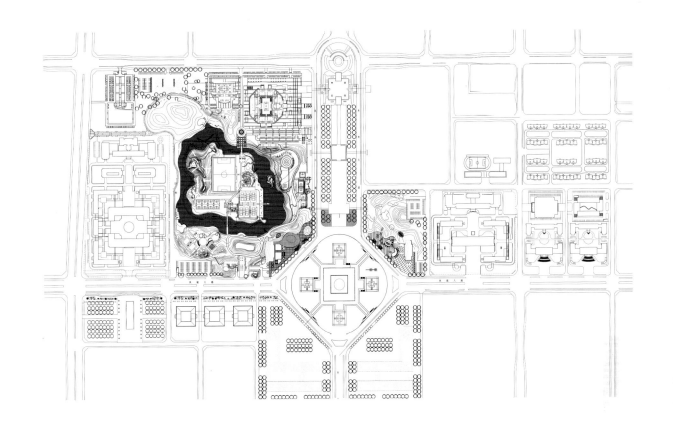

布局形态：传承义脉，突出轴线

棋盘布局是中国古代都城建设的一大特点，西安城市格局也是由一系列自成体系的轴线系统所控制的。行政中心继承传统格局，延续轴线结构，创造轴线景观。

空间秩序：大平方正，虚实相间

在满足功能的前提下，该设计以一定的功能单元为"母题"，不仅在建筑布局上体现"九宫"严谨的格局，而且在建筑单元中采用方整形制的功能单元模块，重复交替，塑造秩序之美。

建筑风格：大气庄重，朴素典雅

行政中心的建筑形象体现了庄重、严肃的建筑气质，以简洁的建筑语汇和现代材质表达传统建筑的文脉特征，表现时代感。

公共空间：整体协调，优化形象

西安行政中心的设计不仅要考虑城市大门的形象，而且要考虑其作为城市新中心的形象。该设计将城市的绿地、广场作为表现轴线的另外一个"软"的要素，使之与整个环境协调统一，形成一个完整的城市中心形象。

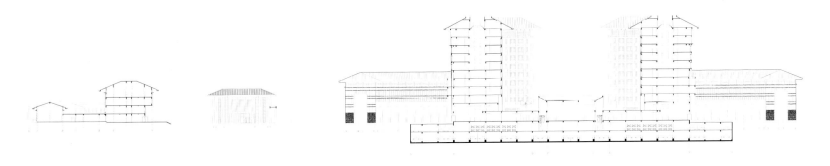

延安行政中心及市民服务中心

YAN'AN ADMINISTRATION CENTER AND CIVIC SERVICE CENTER

设计时间　2012 年
建成时间　2016 年
建筑面积　306 323 m²
建设地点　陕西省·延安市
项目获奖　2017 年全国优秀工程勘察设计行业奖一等奖
　　　　　2017 年陕西省优秀工程勘察设计一等奖

　　延安行政中心基址处于清凉山、宝塔山、凤凰山三山地区重要景观视线的正北轴线上，与宝塔山南北遥遥相对，因而设计以延续轴线为理念，以中轴对称、严整庄重的形态充分表达行政建筑的特点，传承光辉历史革命文化轴线。行政中心地块在南北向构成主轴轴线，其余各楼依次对称排布，构成中正有序的方正空间。轴线骨架上的建筑利用地形顺势而起，逐级递升。行政主楼周边的 4 座办公楼周围利用地形设计的下沉小院不仅为建筑地下室提供自然采光，同时体现出延安浓郁的窑洞特色。市民中心与政务大厅之间亦形成下沉庭院，丰富建筑空间，将自然环境融入建筑环境。开敞的公共空间与建筑井然有序，虚实相间。入口节点绿化景观开阔大气，建筑庭院、小品细致优雅，下沉院落活力十足，周围绿化绿意盎然，充分考虑绿色建筑的要求。外环快捷的车行道路和内环轻松的人行步道，营造出开合有序、变化丰富的公共空间。

　　总体布局采用大对称、小灵活的方式，充分考虑挖填方区的地质特点，使所有新建建筑均位于安全的挖方区内。在各个院落内部和后部，调整严格的对称格局，营造亲切、和谐的氛围。

　　在建筑造型设计上，简练纯粹的建筑语言造就了行政建筑端庄大气的形象，陕北延安拱形元素在建筑单体主入口、院落连桥通廊等处被特意地放大与重复利用，增加了强烈的地域特征；立面石材与页岩的配合使用，产生丰富强烈的对比，这些特征与坡屋顶结合，浑然一体，相得益彰，使建筑成为"新延风"的形象体现。

　　室内合理布置各功能区域，以模数化、标准化开间为基准，空间灵活多变，一体化的室内设计形成内外统一、简朴大气的整体风格，创造了嵌入大地的、风格独特的建筑群体空间。

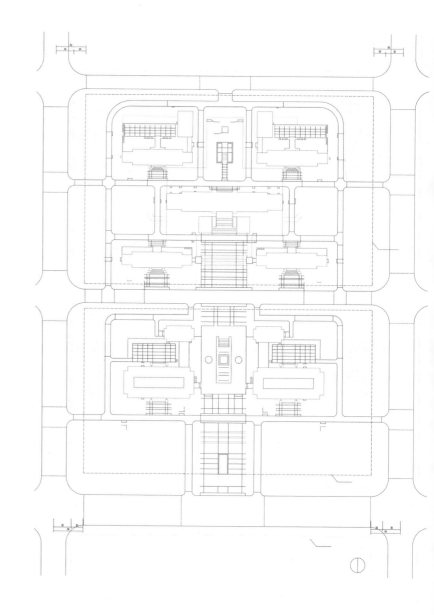

西安市浐灞生态区行政中心

ADMINISTRATIVE CENTER OF XI'AN CHANBA ECOLOGICAL DISTRICT

设计时间　2006 年（一期），2010 年（二期），2012 年（三期）
建成时间　2008 年（一期），2011 年（二期），2016 年（三期）
建筑面积　225 400 m²
建设地点　陕西省·西安市
项目获奖　2009 年全国优秀工程勘察设计行业奖二等奖
　　　　　2009 年中国建筑学会新中国成立 60 周年建筑创作大奖入围奖
　　　　　2009 年陕西省优秀工程勘察设计一等奖
　　　　　2015 年全国优秀工程勘察设计奖银奖
　　　　　2019 全国勘察设计行业新中国成立 70 周年优秀勘察设计项目

设计理念

　　西安市浐灞生态区行政中心是浐灞生态区的行政、文化、公共服务中心，也是浐灞生态区形象的代表，对整个区域的建设起着带动和示范作用。作为浐灞生态区第一个龙头项目，行政中心为生态区新型生态城市的建设探索了方向，为核心区增添了活力，全面展示了政府的新形象，为公众提供了可参与的、具有亲和力的城市开放场所。

方案构思

　　（1）尊重和充分利用现有场地，创造富有诗意的栖居环境。

　　（2）打破现有政府办公模式，创造一个高效、集约、现代的建筑形象，形成一个市民可以聚集和广泛使用的开放环境。

　　（3）体现滨水特色，创造流动、轻盈的建筑形式。

　　（4）形成丰富多变、具有生态特点的室内空间。

　　（5）3 组建筑分别采用清水混凝土、陶板、石材材料，与环境交相辉映，具有质朴、平易近人的特色。

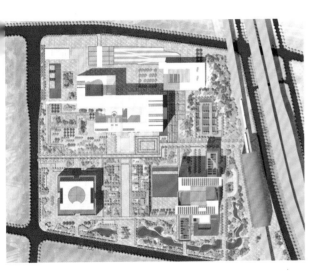

陕西省人大办公会议楼

MEETING OFFICE BUILDING OF SHAANXI PROVINCIAL PEOPLE'S CONGRESS

设计时间　1997 年
建成时间　2005 年
建筑面积　37 200 ㎡
建设地点　陕西省·西安市

　　陕西省人大办公会议楼是由会议中心、办公用房及附属用房组合成的一个建筑综合体，同时配有地下人防工程、地下车库工程等。设计使办公入口居中，会堂的入口及大楼梯置于办公入口两侧，将办公的门厅置于一层，而将会堂的门厅置于二、三层。外观设计遵循简洁、大气、庄重、朴实的原则，采用实墙、柱廊、大台阶、大玻璃面与小开窗的处理手法，实现与周边城市建筑环境相协调的目的。外观色彩采用西安城市主基调之一的土黄色，与西安城市风貌相统一。

陕西省高级人民法院审判综合楼

TRIAL COMPLEX BUILDING OF HIGHER PEOPLE'S COURT OF SHAANXI PROVINCE

设计时间　2005 年
建成时间　2008 年
建筑面积　39 608 m²
建设地点　陕西省·西安市
项目获奖　2009 年陕西省优秀工程勘察设计二等奖

　　建筑的主辅楼采用方与圆结合的方式，用最单纯的形体表达了深刻的建筑美学和法律含义。在建筑色彩、风格、布局和装饰等方面，本项目响应曲江开发区延续大唐文化脉络的要求，与传统文化产生共鸣，南望终南山，北观大雁塔，呼应景观，融入风格，入于境而化于景。主楼造型立意为"法之巨构"。综合楼四角实体支撑，以东西为长向的四方巨门，高架一个直径为 30 m 的坡形屋面碟状圆顶。整座建筑仿佛一座门形的殿堂，又似一架公正的天平，庄重而不滞重，威严而不森严，明快而不轻佻，严谨而不闭塞。造型庄严简约，符合现代人的审美观念。

西安市人民检察院业务技术综合楼

COMPREHENSIVE OFFICE BUILDING OF XI'AN PEOPLE'S PROCURATORATE

设计时间　2008 年
建成时间　2011 年
建筑面积　19 998 m²
建设地点　陕西省·西安市
项目获奖　2011 年全国优秀工程勘察设计行业奖三等奖
　　　　　2011 年陕西省优秀工程勘察设计三等奖

　　检察院业务技术综合楼体现检察院的工作特点，既反映庄严正义的特性，又反映亲切平和的特性。因此建筑构思打破传统建筑室外庭院围合的手法，注重中国传统建筑的空间序列和建筑层次，将 10 层综合楼布置在建筑用地中部，在综合楼前两侧布置两栋 2 层高的裙楼，与综合楼围合成一组建筑，在庭院中布置水系、步道、雕塑、柱列、绿化等室外景观，形成室外序列式庭院，给人一种亲切平和感。

西藏自治区人民检察院综合办公楼
OFFICE COMPLEX OF TIBET AUTONOMOUS REGION PEOPLE'S PROCURATORATE

设计时间　2008 年
建成时间　2012 年
建筑面积　21 500 m²
建设地点　西藏自治区·拉萨市

设计在总体布局上将综合办公楼尽量靠北侧和东侧布置，综合考虑交通流线，将内部小区流线与外部办公流线进行合理规划，使之互不干扰，便于管理。建筑的体量和尺度在不破坏原有街道尺度连续性的同时，在造型上体现执法机关公正、严肃、庄重的形象。建筑内部空间打破传统办公楼单廊布局的单调形式，在满足使用功能和保证办公效率的前提下，提供优越舒适的办公环境。建筑以简洁的体量、朴实无华的形态及对西藏当地文化特色和自然环境的理解，沉静地传递着独特的文化内涵。设计团队通过细部的处理和对当地建筑材料的巧妙运用，含蓄地表达了对西藏传统文化的敬意。

大西安新中心能源金融贸易区起步区一期

START AREA OF ENERGY, FINANCE AND TRADE ZONE, PHASE I IN GRAND XI'AN NEW CENTER

设计时间　2016 年
建成时间　2020 年
建筑面积　871 500 m²
建设地点　陕西省·西安市

　　大西安新中心能源金融贸易区起步区一期项目由丝路贸易中心、企业总部、商务中心、金融港四大板块组成，融合办公、酒店、商业、公寓于一体，塑造了一个全功能、舒适的社区。设计将大平方正的中国传统营城手法与现代城市理念有机结合，形成多样、统一的城市形象，打造了一片"紧凑、集约、高效、复合"的新型区域。四大板块地下空间整体开发，利用二层平台互联互通，形成地下、地面、空中全方位的立体化新城。

城市建设模式的一次创新

　　从开发商各自独立的开发建设转向统一的集中建设，起步区一期实现了从单体到群体、从建筑到城市的集群开发建设之路。在城市设计、建筑设计、总控协调、项目管理四个层面，始终坚持统一规划、统一设计，同时进一步强化统一施工与统一管理，使项目精准落地。

建筑设计规律的一次回归

起步区一期是基于建筑师负责制背景下的、对城市创新发展模式的一次探索性研究，设计总控团队全过程、全方位参与，对建筑全周期进行总控，并协调各设计单位、顾问单位进行专项研究，共同实现技术创新。

集新城市理念的一次探索

区域统筹考虑空间集约、功能复合、高贴线率等设计原则，各板块之间公共空间、商业空间共享，室外空间相互渗透，景观资源共享，不同板块之间商业配比统筹考虑，统一布局，以期达到城市界面优化、城市资源共享的目标。为保持城市街景的紧凑性与连续性，起步区四个地块严格控制建筑界限，保持60%的建筑贴线率，从而形成相对连续、整齐协调的城市界面。

立体城市理念全方位实践

项目整体打造地下、地上、地面三层立体通行网络，最大限度地把人行交通和车行交通进行分离。地块间设置二层平台，形成第二地面，打造立体城市，实现人车分流。各地块地下空间采取综合开发模式，各区块之间通过地下环廊相互贯通，不同地块之间停车位相互补充，提高行车效率及停车位利用率。

营城理念与都市有机结合

不以某一栋建筑的奇特造型博人眼球，而是通过建筑群体所形成的丰富的开放空间以及错落有致的城市空间形态取胜。四个地块空间处理上各有特色，分别体现街、廊、庭、院四大特色，形成层次丰富、主题鲜明、多样统一的城市街区。

绿色城市思想的全面体现

项目从多样化的幕墙肌理、标准化的内环境技术措施，到部分建筑采用钢结构形式、工业化配置安装等多方面践行装配式建筑的标准化营造，综合自然环境特点、绿色建筑示范园区目标，整合水系、绿带和路网，创建绿色生态立体街区；鼓励采用技术领先的节能环保型新材料、新技术、新工艺，提倡最大限度地减少能耗和碳排放。

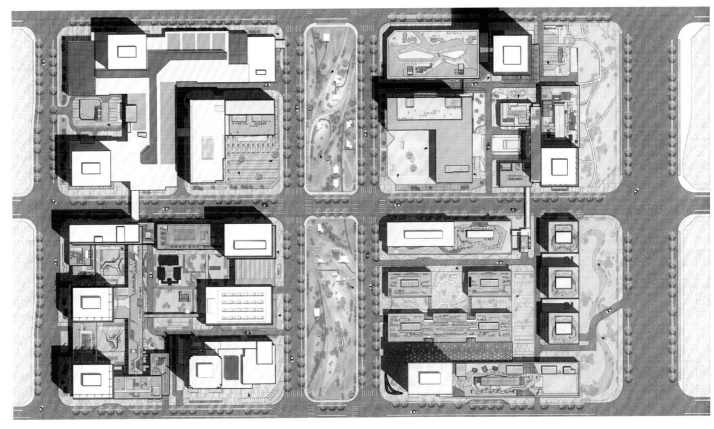

华为西安全球交换技术中心及软件工厂

HUAWEI XI'AN GLOBAL EXCHANGE TECHNOLOGY AND SOFTWARE FACTORY

设计时间　2013 年
建成时间　2015 年
建筑面积　595 300 m²
建设地点　陕西省·西安市
项目获奖　2017 年全国优秀工程勘察设计行业奖一等奖
　　　　　2017 年陕西省优秀工程勘察设计一等奖

总体设计概念

本次规划建筑模块为研发楼,高效的"工"字形布局确保园区井然有序,形成并强化人流、物流循环,突出景观亮点。

就总体规划而言,首先要考虑人流与物流的关系及相互影响。华为为此提出了两点要求,其一是不需太多地面车位,其二是须提供高效路径,引导园区及周边大量车流进入地下车库。据此,本次设计规划尽可能将车流限制在园区周边,将中央区域留给步行者,并设计了"树脊状"步道系统,连接南北两端建筑。研发楼考虑组团布局(部分原因是受场地条件限制),并由步道系统连接。

步道系统蜿蜒曲折,穿越园区中央。周边辅助步道井然有序,具有田园气质,与严肃方直的研发楼形成鲜明的对比,营造出一种令人愉悦的互动氛围。步道周边的车道具有同样的形态特征,可控制车速,营造安静舒适的园区环境。

研发楼长边沿东西向布置,形成院落;厂区提供两栋食堂,分别位于南北地块,方便员工就近用餐;中央能源楼位于厂区中部的东侧,为各栋楼提供集中能源,管线通过地下室通道供应各处。

园区开发及景观设计原则

项目寻求硬质景观和软质景观的融合,彰显西安特色,汲取当地丰富的历史及景观元素,营造独特的园区氛围。景观设计形成简单、直接的车流和人流系统。园区不以某栋建筑为主,多用途的中央步道网络通过景观特征得以强化,使整个园区组织有序,强调研发园区的私密性。

技术创新

作为华为公司在西北地区最大、最先进的研发和生产基地，整个项目的机电系统配置复杂，可靠性要求非常高，同时项目能耗巨大，节能尤为重要。为满足工艺和办公环境要求，本项目机电系统经过精心的设计布局，在技术上有如下特点：①制冷系统规模大、技术复杂度高；②空调末端系统类型多、技术复杂；③供配电层级划分合理，供电系统可靠性高。

丝路国际创意梦工厂

SILK ROAD INTERNATIONAL INNOVATIVE DREAM FACTORY

设计时间　2014 年
建成时间　2019 年
建筑面积　115 453 m²
建设地点　陕西省·西安市

丝路国际创意梦工厂是以文创产业为龙头，以孵化器为引擎，集展示空间、艺术文创、商业交易、生活商务于一体的、配套齐全的文创产业立体生态平台，是浐灞生态区首家文化创意产业园。园区为众创机构、团体及个人提供多种服务和平台支持。项目涵盖研发基地、LOFT办公、联合办公、设计工作室、展览空间、培训基地、空中剧场、专业书店、手工工坊、餐饮店、软装家居、创意零售、艺术酒店、休闲健身及园区配套服务等多种业态。

本案建筑以花朵为灵感之源，以三角形几何图案为母题，结合五边

形场地对应城市五个道路交叉口的天然条件，六栋三角形的建筑单体以场地为中心向周边发散布置，并向内集中形成天然的圆形室外广场。舒缓流畅的线条保证建筑单体简洁大气、轮廓分明、相互呼应，形成具有视觉冲击力的建筑群。不论在城市街区，还是从高空俯瞰建筑群，梦工厂都像一朵生机勃勃的艺术之花盛开在浐灞大地上，向四周乃至西安渗透并传递着年轻的、快乐的文化乐章。

中银大厦

BANK OF CHINA MANSION

设计时间　2012 年
建成时间　2014 年
建筑面积　65 710 ㎡
建设地点　陕西省·西安市

　　中银大厦是中国银行陕西分行办公楼，位于陕西省西安市昆明路和大寨路之间，东临沣惠南路及西二环西段，西侧为融侨城高层住宅区，所处地段为高新区入口处醒目的沿街位置。地上主要设对外营业厅、中心机房及银行配套办公室，顶层设私人银行。地下主要是二层复式停车场及金库、票据凭证库等银行功能用房等。

　　建筑外立面选用玻璃和深色石材两种材质，整体呈"门"字造型，庄重且时尚大气，较好地体现了银行建筑应有的气度。

中国人寿陕西分公司综合楼

INTEGRATED BUILDING OF CHINA LIFE INSURANCE SHAANXI BRANCH COMPANY

设计时间　2010 年
建成时间　2016 年
建筑面积　99 688 m²
建设地点　陕西省·西安市
项目获奖　2017 年全国优秀工程勘察设计行业奖三等奖
　　　　　2017 年陕西省优秀工程勘察设计一等奖

中国人寿陕西分公司综合楼位于大尺度高层建筑云集的唐延路东侧，在高度不占优势的情况下，将人寿自用与商用写字楼合二为一，两者以中庭相连，形成一栋组合式的板式塔楼。设计团队利用基地南北长、东西窄的特点，使建筑最大限度地面向唐延路以展示企业的形象、塑造城市景观，突出金融寿险行业特性。

用地一侧的唐城墙遗址公园中大尺度的绿化景观为建筑造型赋予了灵感——"城市之树"的建筑形象应运而生。立面上的每一个树干都是一个发光体，夜幕降临时，树干在熠熠星空下缓慢生长，使整座建筑造型呈现出梦幻般的效果，也象征着中国人寿企业蓬勃发展、蒸蒸日上。

南阳卓筑置业有限公司河南油田科研基地

HENAN OILFIELD SCIENTIFIC RESEARCH BASE OF NANYANG ZHUOZHU REAL ESTATE CO. LTD

设计时间 2015 年
建成时间 2021 年
建筑面积 108 339 m²
建设地点 河南省·南阳市

项目用地临近机场，有航空限高要求。建筑在高度上无法取得优势，因而选择在建筑体量上突破。主体建筑是两个"L"形的高层建筑，通过空中连廊进行空间组合，形成建筑体形的互动关系，同时构成外向的宏伟体量和内向的庭院。

建筑沿光武路向东西两侧展开，东侧靠近公园用地的是机关办公主楼，围合出前广场；西侧靠近长江西一路的是科研办公楼，围合出内庭院。机关办公楼底层架空，将东侧的公园绿地景观引入基地之中，内外两个庭院景观贯通，形成良好的公共空间。建筑周边因需满足消防的需要，设置为硬质铺装，形成环形消防车道和扑救场地，方便消防车辆扑救绕行。光武路上有办公区的主要人行出入口，场地的机动车出入口设计在长江西一路。

建筑体量厚重，立面简洁、大气、沉稳，采用玻璃与石材幕墙。虚实结合的形体设计，突出企业总部、科研基地现代、前沿的形象。交错围合的体量形成了不同程度的围合空间，在有限的高度和用地中创造了开合有度、高低有别的室内外空间。

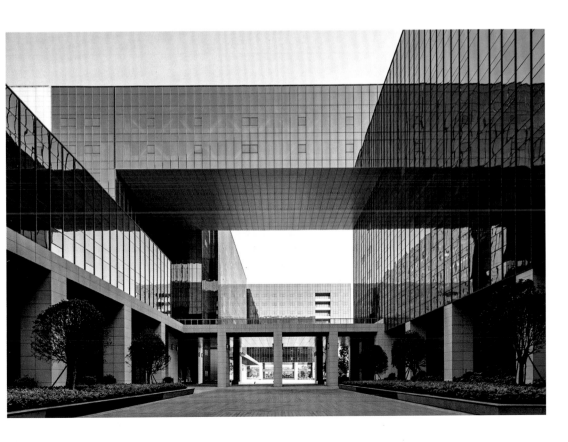

西安高新区软件新城研发基地

R&D BASE OF XI'AN HIGH-TECH SOFTWERE NEW TOWN

设计时间　　2011 年（一期）
建成时间　　2014 年（一期）
建筑面积　　275 413 m²
建设地点　　陕西省·西安市
项目获奖　　2015 年陕西省优秀工程勘察设计一等奖
　　　　　　2015 年全国优秀工程勘察设计行业奖三等奖

　　西安高新区软件新城位于高新区，绕城高速以东、西三环以西、科技四路以南、科技八路以北区域。规划总用地面积 4 km²，其中一期起步区 2 km²。本次设计为软件新城研发基地的一期工程，位于一期起步区内西三环以西、科技七路以北的区域，占地约 9.95 万 m²，总建筑面积约 27.54 万 m²。软件新城研发基地的一期工程是整个起步区的示范区，是以智慧新城、生态新城及和谐新城为目标，为西安创意城市的建设和软件新城的创立打好坚实的基础。

布局形态：传承城市肌理，体现园区特色

　　规划布局根据西安城市的形态，延续了城市中正有序的布局，既体现城市特色，又体现高效、简单的软件办公特点。该项目中西合璧，古今相融，和谐地镶嵌在城市大环境之中。

空间秩序：独立为"园"，向心构"城"

　　规划北高南低，沿科技六路和西三环展开，以高层为主，其余为多层庭院式建筑。建筑轮廓线高低起伏，统一又富有变化，呼应核心区域。

建筑风格：简洁明朗，体块方正

　　建筑整体虚实对比强烈，立面主要以陶板和玻璃幕墙为建筑材料，并通过建筑立面上的出挑和建筑边框的勾勒，塑造出轻盈、明快的建筑外观。

公共空间：一心双轴，庭院深深

　　楼宇中间的景观绿轴和园区低洼区域形成的峡谷地带，形成良好的对外开放的公共活动空间，多层建筑以"U"形布局，形成各具特色的院落式办公环境，办公单体通过层层院落彼此连通，成为软件新城标志性的景观。

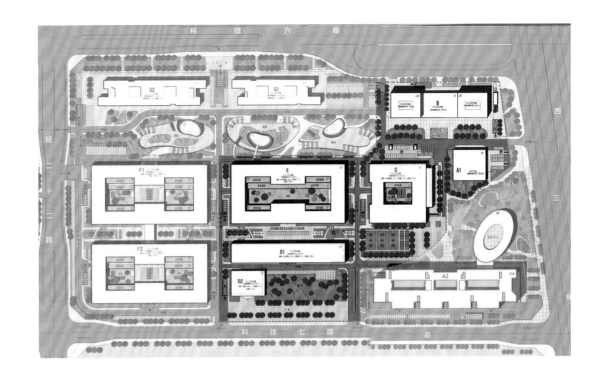

合肥智慧农业协同创新研究院

HEFEI INTELLIGENT AGRICULTURAL COLLABORATIVE INNOVATION RESEARCH INSTITUTE

设计时间　2020 年
建成时间　在建
建筑面积　95 093 m²
建设地点　安徽省·合肥市

　　本项目的定位是坐落在绿地中的科研办公建筑，因此设计从生态、交互和科研三个要素切入，着重思考建筑与场地的关系，经过多方案的推敲比较，相应提出了"顺应自然""多级联通""社群聚合"三个关键设计策略，利用自然环境资源激活场所，营造交流互动的办公环境并搭建起智能生态的农业科研空间。

　　方案整体呈现出"一轴两区多组团"的规划结构，借助中部的主轴连通城市和丰乐湖，顺势将场地分为南北两个地块，南侧地块为科研创新区＋实验区，北侧地块为总部研发区＋展览区。两个地块分区明确，区域内的多层建筑形体扭转，确保办公空间的景观视野最大化，并确保均好性，同时，在区域城市层面形成极好的东西向风廊与视廊，为场地内部创造良好的微气候。另外，基于对城市和生态的尊重，建筑由南向北呈现出高低错落的体量，创造良好的城市界面。在竖向上，设计将用地

内部整体抬升 12 m，将园区内外适当分隔，保证其独立性，并减小开挖深度，有效控制建造成本。

建筑立面以"曲浪柔风、碧水传情"为主题，以简洁干练的曲线形体融入场地，呼应未来产业园区的空间肌理和形态。建筑平面强调连接性；办公空间多向布置，建筑立面以玻璃幕墙为主，在确保朝外视线通畅的同时，增设一层可收缩的浅色镀锌网，满足建筑的节能要求，同时形成白色薄纱般的立面效果，增加建筑的轻盈通透感，打造出犹如坐落在湖边的海市蜃楼的夜景效果。建筑内部装饰采用简洁明亮的配色，结合柔和的光线设计，打造人性化的科研氛围。

交通建筑
TRAFFIC BUILDINGS

西安咸阳国际机场航站楼（T1、T2、T3）

XI'AN XIANYANG INTERNATIONAL AIRPORT TERMINAL BUILDING (T1, T2, T3)

设计时间　1988 年（T1），2000 年（T2），2009 年（T3）
建成时间　1991 年（T1），2003 年（T2），2012 年（T3）
建筑面积　79 287 m²（T2），257 800 m²（T3）
建设地点　陕西省 · 咸阳市
项目获奖　2005 年陕西省优秀工程勘察设计一等奖（T2）
　　　　　2005 年建设部优秀勘察工程设计二等奖（T2）
　　　　　2013 年全国优秀工程勘察设计行业奖二等奖（T3）
　　　　　2013 年陕西省优秀工程勘察设计一等奖（T3）

西安咸阳国际机场 T1 部分于 20 世纪 90 年代初建成使用，其航站楼为传统的一层半式，建筑平面流程合理，造型简约大气。

T2 航站楼设计能力为 2010 年旅客吞吐量 750 万人次，高峰小时旅客流量达到 3 200 人次。建筑平面分主体和两翼，主体平面为 234 m×93 m，两翼平面分别为 72 m×36 m 及 114 m×36 m。航站楼采用前列式飞机停靠方式，为二层式剖面流程，离港和到港用上下层分隔，国际与国内按东西分区。

T3 航站楼建筑面积 25.3 万 m²，设计年旅客吞吐量 2 342 万人次，高峰小时旅客流量 7 100 人次。航站区的规划布局使不同时期的三座航站楼主从相依，共拥着开阔的陆侧广场，具有中国传统建筑规划的大格局特征，体现了古城西安"华夏故都、盛世长安"的城市精神。建筑整体形象隐含着"如鸟斯革，如翚斯飞"的华夏意匠；昭示着轻盈通透、明快动感的空港建筑艺术特征。

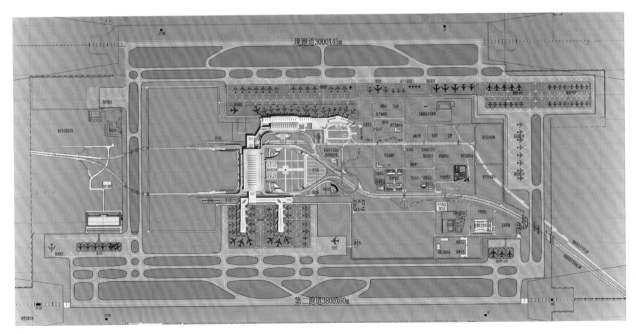

西安咸阳国际机场航站楼（T5）

XI'AN XIANYANG INTERNATIONAL AIRPORT TERMINAL BUILDING (T5)

设计时间　2016 年
建成时间　在建
建筑面积　1 050 000 m²
建设地点　陕西省·咸阳市

　　西安咸阳国际机场三期扩建工程位于陕西省咸阳市渭城区，是中国重要的门户机场。项目包括：新建约 70 万 m² 东航站楼、35 万 m² 综合交通中心以及相关生产设施等。东航站区规划设计立足于长远发展目标，尊重历史文脉延续，力求将西安机场打造成集航空产业服务、商业及商务设施开发、一体化综合交通于一体的航空枢纽，并实现平安机场、绿色机场、智慧机场、人文机场的设计目标。

　　东航站区规划延续机场主轴线秩序，借鉴古长安城、西安古城的规划格局，传承长安城棋盘式、网格化、模块化的城市规划形态。

　　东航站楼整体布局呈中轴对称，由一个集中式的主楼以及放射状的 6 条指廊构成，沿线提供 71 个近机位，将旅客平均步行距离控制在 600 m 以内。主楼采用两层出发、两层到达的流程模式，国内旅客流程采用进出港混流模式，国际旅客流程采用进出港分流模式。

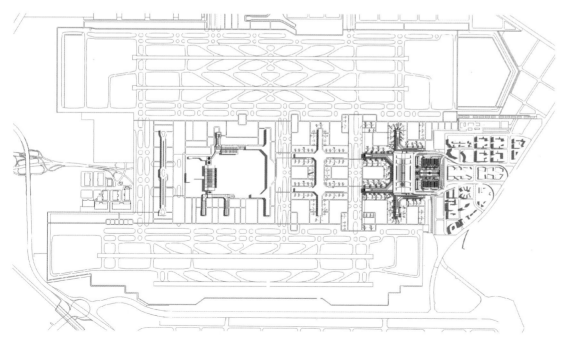

东航站楼造型以创新的设计手法展现出现代化机场与中华民族传统文化的有机融合。建筑造型提炼汉风唐韵最深层次的精神文化内涵，主楼屋面造型对传统建筑大屋面进行提炼和抽象，形成双坡双脊、重檐三叠、化整为零、中央聚合的整体形象，体现"长安盛殿，丝路新港"的设计理念。

综合交通中心由旅客换乘中心、停车楼两部分组成，服务机场陆侧旅客集散。项目通过建设机场与北客站直接的快速联系通道，拓展机场综合交通功能，把机场的门户功能、高铁和高速公路的延伸辐射作用有机地结合起来，以地铁服务大西安，以城际铁路覆盖关中，以高铁辐射省际，加上高速公路的串联，整体构建综合交通运输体系，形成以机场为核心、向外辐射的立体化综合交通网络。

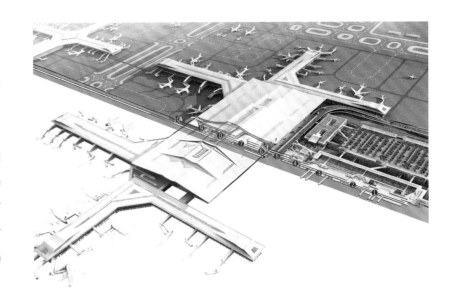

西宁国际机场航站楼（T3）

XI'NING INTERNATIONAL AIRPORT TERMINAL BUILDING (T3)

设计时间　2017 年
建成时间　2021 年
建筑面积　15 / 880 m²
建设地点　青海省·海东市

西宁国际机场 T3 航站楼建筑造型源于生态，归于自然，似高原和雪山自然隆起，逐渐升腾。设计遵循一体化规划、模块式设计的思路，将航站楼巧妙分解为主楼、指廊两部分，具有更加灵活的运营使用及造型材料变化的可能。

主楼采用银白色金属屋顶，优雅流畅，在进场方向上如中高边低的

起伏弧线，如高原上隆起的雪山，与山峦融为一体。在东西两侧，屋面由前向后逐层跌落，具有"三江溯源"的飞扬神韵，以象征中华生命之源，又似吉祥神鸟腾飞之势。中部开设渐变式天窗，似天河中点点繁星，与南侧、东西侧流线型天窗一起，为室内带来充足的自然采光，凸显出航站楼作为城市客厅和民族和谐殿堂的非凡气度。室内吊顶和屋顶造型浑

然一体。出发大厅将值机岛东西分设，中部核心区域设置生态博物馆及商业中心区，层层退台，似云似带，优雅流畅，结合上下贯通的中庭，营造出多层次流动的空间界面，传递出青海作为中华民族"生命之源，生态宝库"的设计主题。

交通流线利用地形高差，与景观广场融为一体，烘托出航站楼的主体地位，并与高铁车站、站前广场共同构成西宁机场的南北景观主轴线。轴线向南延伸，串联起平安新城会展板块及总部办公板块，实现机场、产业多核联动，协同发展。

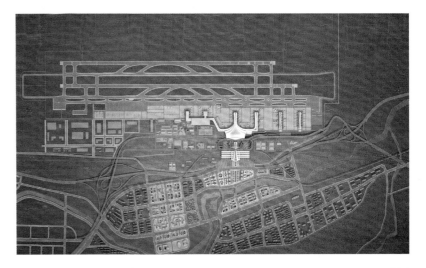

榆林新机场迁建工程

YULIN NEW AIRPORT RELOCATION PROJECT

设计时间　2010 年
建成时间　2011 年
建筑面积　10 614 m²
建设地点　陕西省·榆林市

　　榆林新机场迁建工程场址地处毛乌素沙漠南缘，海拔 1 180 m。新机场是国内的支线机场，是陕西省内仅次于西安咸阳机场的第二大航空港，起降飞机主要为 B 类和 C 类机型，2015 年年旅客吞吐量达 30 万人次。航站楼共两层，屋面总高度为 17.4 m。平面布局按一层半式流程设计，一层设迎送客大厅、办票大厅、远机位候机厅、贵宾室、行李提取厅等；二层设近机位候机大厅、头等舱等候区、商务舱等候区、机组休息室、设备用房等，功能完备，设施齐全。

　　航站楼造型大气简洁、凝重典雅，又不乏现代感，力求形式的和谐与持久。建筑形象具有强烈的地域文化色彩。建筑立面造型舒展有力、简洁明快，通过不同材质之间的对比来体现建筑立面的丰富性和现代感。

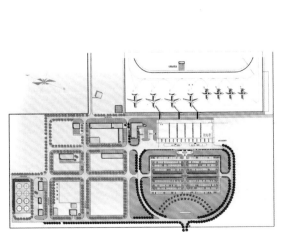

汉中城固机场军民合用航站楼改扩建工程

TERMINAL OF HANZHONG CIVILIAN-MILITARY AIRPORT RECONSTRUCTION AND EXPANSION CONSTRUCTION

设计时间　2012 年
建成时间　2014 年
建筑面积　5 592 m²
建设地点　陕西省·汉中市
项目获奖　2015 年陕西省优秀工程勘察设计二等奖

　　汉中城固机场军民合用改扩建工程航站楼造型设计结合建筑功能布局，形态变化丰富，同时充分考虑了当地的地域文化特征，并以现代建筑的语言加以阐释。两侧的基座造型处理借鉴了汉代高台建筑以及古汉台、拜将坛等古迹的一些特征，并对其加以提炼、抽象、演变。此项目是对现代建筑与传统建筑相结合的大胆有益探索。

　　大尺度的钢结构弧形屋面造型满足航站楼功能要求的同时，其态势还有一种汇聚天地、包容宇宙之势，含蓄地表达了汉中"中华聚宝盆"的内涵，又似汉江之水浩浩荡荡，奔流不息。建筑造型通过弧形钢结构屋面与两侧抽象高台建筑处理手法的有机结合，体现了传统与现代、继承与发展的设计理念。

西安火车站改扩建工程

XI'AN RAILWAY STATION RENEWAL PROJECT

设计时间　　1983 年，2014 年（改扩建）
建成时间　　1989 年，2022 年（改扩建）
建筑面积　　292 648 m²
建设地点　　陕西省·西安市
项目获奖　　入选陕西省近现代保护建筑名录

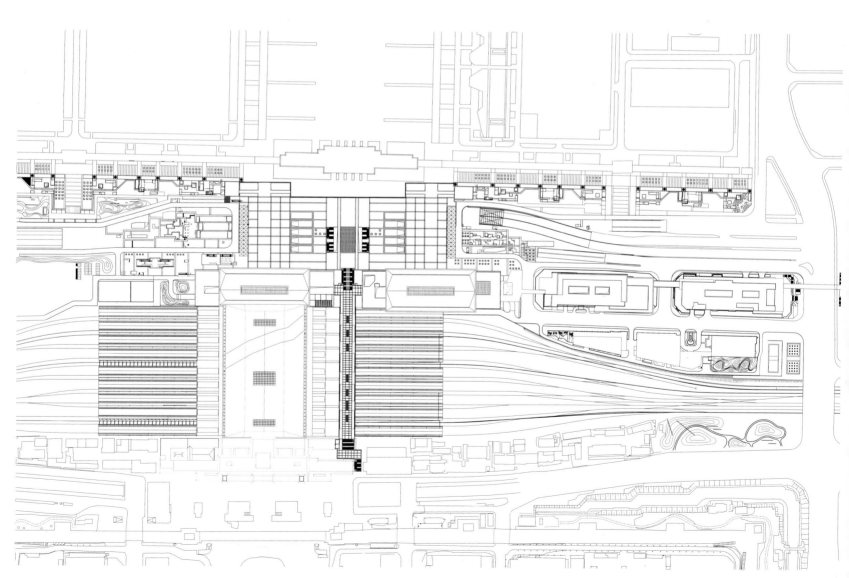

1984 年 6 月 1 日，西安火车站新站主楼动工兴建。新站增建了列车到发线、候车室、地道、跨线天桥等，成为西安地区的铁路交通枢纽、西北地区最大的旅客集散地。主楼东西长 142.8 m，南北宽 52 m，总高 27.7 m，内设上下两层，有大小候车厅 10 个，可同时容纳 7 000 人候车。新站主楼设计新颖，风格与古城协调一致，辉煌典雅，中西合璧，蔚为壮观，是改革开放初期西安城市建设的一大标志性建筑。

西安火车站改扩建工程位于唐大明宫与明城墙之间，设计基于西安火车站的历史现状，对原有站房与周边区域的城市关系进行了系统性的梳理，在满足交通出行的基础上，重塑了大雁塔—明城墙—火车站—大明宫这一历史文化轴线，新建筑与大明宫丹凤门相似而立、相辅相成，与周边环境相得益彰，形成展示西安文化风貌的新地标。改扩建之后的新西安站不但是一座集铁路、城市轨道换乘功能于一体的交通综合体，也是一座集旅游、商贸为一体的城市综合体。未来的西安火车站将与历史文化遗产共融共生，成为实现古都风貌整体保护与发展的重要组成部分。

功能性

新站设计以旅客为核心，体现"以人为本，以流线为主线"的基本理念。在广场规划、各种交通方式衔接、旅客流线、站房平面布置、空间组成及其他配套客运设施的设计中，利用有限的空间、环境和资源，为旅客提供便捷舒适的乘车环境。

系统性

考虑站内各设施的有机配合，综合考虑近期建设和远期规划，如东配楼不同步实施的可能性，及铁路与城市、交通组织及疏解、硬件与软件、投资与运营费用等方面的有机结合。

先进性

站房的功能布局具备前瞻性，在未来较长时间内能够满足运输服务的需求。对于站房内部设施的设置，设计团队充分考虑建筑的节能、环保及现代性，遵循并贯彻可持续发展理念，采用科学、先进、适宜的新工艺，解决技术难题，推动新站动态发展。

文化性

除满足现代化出行要求，设计团队通过把握建筑空间艺术、地域文化等，使火车站与周边遗址共融共存、相得益彰，以谦虚内敛的态度向历史致敬，成为古城整体风貌保护和发展的典范。

和田火车站

HETIAN RAILWAY STATION

设计时间　2010 年
建成时间　2011 年
建筑面积　11 920 m²
建设地点　新疆维吾尔自治区·和田市
项目获奖　2017 年陕西省优秀工程勘察设计二等奖

和田火车站是喀什至和田铁路沿线新建站房中的最大客运站,是新建喀什至和田铁路的终点站,车场设计规模 3 站台面 7 线。此项目是西北院第一次在新型站房设计投标方案征集中取得的突破。

和田站的造型设计以"木骨泥墙"为雏形,突出巨柱,柱子与墙面有一定分离。设计团队用现代材料和技术将"木骨泥墙"建造法进行重新诠释和改造,使它适应新的功能与建造方式。站台雨棚采用车站建筑常见的桁架结构,并采用单元化设计,形成特有的序列效果。方案构思以新疆地区特有的"回"形纹样为设计原型,对其进行抽象、简化、变形,将原有围和封闭的图案转变为极具开放性的图形,使整座建筑体现出强烈的开放性与包容性,寓意和田地区多民族文化间的互相包容与共生。

西安地铁运营控制中心

XI'AN METRO OPERATION CONTROL CENTER

设计时间　　2009 年
建成时间　　2011 年
建筑面积　　26 300 m²
建设地点　　陕西省·西安市
项目获奖　　2017 年全国优秀工程勘察设计行业奖三等奖
　　　　　　2017 年陕西省优秀工程勘察设计一等奖

　　西安地铁运营控制中心项目建设地址位于西安市北郊尚稷路南侧，周边区域属西安市新兴产业的拟开发区域。城市规划风格以新颖现代的建筑风格为主。项目建设用地约 2 万 m²，用地呈三角形，地势平整，长边面向城市主干道尚稷路。项目建筑面积 26 300 m²，6 层，高 32 m。

建筑的空间形态与总平面设计

　　项目用地呈三角形，这给建筑平面功能布局带来了很大的困难。本设计将建筑平面设计成"L"形，内部平面规整，外部轮廓与三角形用地相契合，进而形成了建筑前部规整的广场空间。而建筑两端及中部的不规则空间与 5 大门厅或楼梯间等公共空间交会融合，营造出新颖灵活、功能合理的空间格局。

充分满足工艺要求的创新设计

地铁运营控制工艺设计的复杂性对设备控制用房的建筑功能及技术的设计提出了很高的要求，设计难度很高。以往国内各城市的地铁控制中心都以内廊式平面布局为主，这种传统的程式化的功能布局，使对温度及洁净度都有很高要求的地铁控制设备用房直接对外部开窗开门，这给管理工作带来了很大难度和不利条件。因此，本项目建筑功能设计根据西安地区灰尘多、冬夏温差大的特点，大胆突破传统模式，充分结合当地气候条件，提出"内置功能核心区，外设生态节能环"的创新理念，将功能复杂、技术要求高的控制设备区集中设置在建筑的内部，而将建筑外侧设计成封闭的环廊，开设大玻璃窗，保证室内采光充足。外环廊成为温度过渡的控制区，并形成阻隔外部灰尘渗透的隔离廊，充分保证了内部控制用房对采光、温度、洁净度的要求。这对整座建筑的节能也起到了关键性的作用，并取得了预期的使用效果。

工艺布线空间的创新设计

地铁控制中心的外部进出线、内部各房间之间的控制线缆数量巨大且布局复杂。布线空间的通畅性和检修便利性都有很高的要求。本项目在建筑的地下室设宽敞的进出配线间。宽大的竖向电缆井与各层的地面及吊顶内的水平专用布线夹层连通，形成了建筑内部复杂、有序的专用通道；将设备控制房间集中布置在内部核心区，设备之间的布线直接且短捷。科学完善的布线系统取得了良好的使用效果。

节能型生态化的设计理念

（1）中心生态大厅配合两端的生态侧厅形成整座建筑的生态空间系统，厅内大量布置绿植，产生氧气并结合侧窗输入的室外新鲜空气，将清新的空气通过建筑的外环廊输送到整座建筑的各个部位。

（2）屋顶设有光伏电池板，为走廊及地下车库的照明提供电力能源。

（3）外玻璃门窗均采用断桥隔热中空 Low-E 节能技术。

（4）采用外墙外保温节能系统。

（5）将室外雨水回收集系统并入小区的雨水回收大系统中。

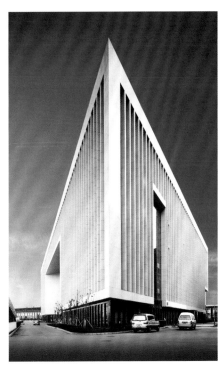

西安东站城市设计及主要建筑方案设计

URBAN DESIGN & KEY BUILDING ARCHITECTURE DESIGN OF XI'AN EAST RAILWAY STATION

设计时间　2020 年
建成时间　在建
建筑面积　100 000 m²
建设地点　陕西省·西安市

西安东站位于城市东南角，位于秦岭余脉白鹿原和少陵塬所形成的峡谷地带，长安八水之一的浐河从谷地蜿蜒穿过，千百年来这里都是长安的宝地，国家重点文物保护单位杜陵和霸陵分别位于两个塬上，中国历史上的许多大戏在此展开。新建的东站紧临城市三环和绕城高速，站房选址处在城市总体规划三条主轴之一"生态发展轴"最南端，区位优势极佳。

本次片区规划以塬谷复合、两塬缝合、站城融合为理念，塑造国际化大都市的生态门户。

本方案交通规划以上进下出、桥下换乘、多向分流为原则。高架层小型车落客进站区、广场层公交站、地铁站、近域汽车及步行旅客进站区、地下层针对短时进站旅客设置了快速进站厅，实现旅客快速进站；出站旅客到达中央市政通道后可以便捷到达桥下各种换乘厅，快速分流至地铁、广场、公交站、出租上客区等交通设施；结合-24.0 m和-17.0 m的地铁站台层，在10.0 m、20.0 m、27.0 m标高分别设置站台层、高架候车厅（含腰部进站厅、停车楼）、商业夹层，通过竖向设计做到延续生态、人车分流、商旅兼顾、站城共赢。

T5 航站楼前综合商务区建筑概念方案设计

T5 TERMINAL MIXED-USE BUSINESS POLT ARCHITECTURE CONCEPT DESIGN

设计时间　2021 年
建成时间　在建
规划面积　22.77 hm²
建筑面积　531 000 m²
建设地点　陕西省·咸阳市

　　渭河流域，关中平原，自古土地丰沃，农业富庶，孕育出绚烂的文明。继古开今，在大西安多轴发展新格局中，位于空港新城的西安 T5 航站楼是西安新的门户，是新丝路的重要枢纽。

　　场地所处位置一端是汇聚中外游客的 T5 航站楼，其构形创意来自唐代的含元殿，主楼与指廊具有完整的形态，这也是西安机场的最大特色。另一端是代表历史的唐顺陵遗址。作为二者过渡的设计，设计团队围绕"隐、游、行"的构思展开，主从有序，形意结合。

　　秉持中国传统哲学中"象天法地"的理念，中部建筑隐于一片绿谷之下，如同绵延的麦浪，以疏朗大气的姿态从土地中生长起来。这组建筑宛若游动的蛟龙，联系起 T5 航站楼及东侧的顺陵遗址。设计以"象天法地，虚实相生"的显隐关系，营造"时空一体，情景交融"的游览体验，构建"立体联系，多样选择"的通行系统，描绘出空港新城发展的蓝图画卷！

体育及医疗建筑
SPORTS AND MEDICAL BUILDINGS

西安城运公园体育馆

XI'AN CHENGYUN PARK STADIUM

设计时间 1997 年
建成时间 1999 年
建筑面积 24 000 m²
建设地点 陕西省·西安市
项目获奖 2000 年陕西省优秀工程勘察设计一等奖
2000 年建设部优秀勘察工程设计表扬奖

西安城运公园体育馆是为举行第 4 届全国城市运动会兴建的大型综合性体育馆。比赛场地为 62 m×37 m，建筑层数为 4 层，高度 36 m，可满足体操、篮球和排球比赛、文艺演出、大型集会等多项活动的要求。主体结构采用框架和剪力墙形式，屋面结构为大跨度球形空间网架系统，跨度达 90 多米。立面设计采用室外休息厅平台衬托体育馆主体的处理手法，二三层观众休息厅的点式玻璃幕墙丰富了观众休息厅的空间层次和外观立面的细部效果。该馆外观造型优美、大方，充分体现了体育建筑的时代特征，该馆当年成功地完成了第 4 届全国城市运动会体操比赛和闭幕式等多项活动，受到各方的一致好评，被赞为"古城明珠，亚洲一流"。

陕西省体育场

SHAANXI STADIUM

设计时间　1952 年，1992 年（扩建）
建成时间　1954 年，1999 年（扩建）
建筑面积　97 000 m²
建设地点　陕西省·西安市

陕西省人民体育场工程始于 1954 年建成的"西北人民体育场"项目。西北院第一任总建筑师董大酉在主持项目规划和建筑设计时，着意将体育场主运动场中轴线置于北侧唐荐福寺小雁塔南北轴线的南向延伸线上，以小雁塔作为体育场的对景，将千年古塔纳入现代市民生活之中。1971 年"西北人民体育场"改称"陕西省人民体育场"（简称"陕西省体育场"）。1996 年为筹备 1999 年第 4 届全国城市运动会，西北院参与主持陕西省体育场改扩建工程。新方案在延续尊重 20 世纪 50 年代唐小雁塔主轴线的基础上，又以该轴线的南向延伸线为对称轴，在场地南侧规划设计了两栋东西相对的高层建筑，以高层之间的虚空间再次回应、强调了南向的千年古塔和场地轴线。为迎接 2021 年第十四届全运会，项目进行了更新改造。

开封市体育中心

KAIFENG SPORTS CENTER

设计时间　2019 年
建成时间　在建
建筑面积　121 669 m²
建设地点　河南省·开封市

　　开封市体育中心位于开封北外环路以南，复兴大街以北，十二大街以东，十大街以西，总用地面积 302 742 m²。总建筑面积 121 669 m²，包括一座 26 000 座体育场、7 500 座体育馆、1 500 座游泳馆和全民健身中心。

　　用地西侧为城市森林公园，北侧为高铁与高速公路，东侧为大学园区，南侧为居住、商业区。体育场宏伟的形象成为公园内重要的景观。体育馆、游泳馆、全民健身中心组合起来，成为一座综合体育馆，设于用地东侧，与大学园区、居住区、商业区紧密联系。

　　体育场与综合体育馆形成一圆一方两个简洁的体量。

　　体育场的建筑轮廓来源于宋瓷中的碗，建筑细节则模拟开封市花菊花花瓣的纹理，组合出精致细腻的建筑质感。

　　综合体育馆建筑外轮廓为方形，建筑立面通过金属幕墙尺寸的变化呈现出一幅朦胧的山水画卷。东西两侧屋檐的曲线则呼应了宋代建筑优雅的轮廓线。曲线形的内庭院营造出东方传统园林意蕴的空间体验。体育馆与游泳馆一二层的外围空间作为赛后商业区域开发，与全民健身中心一同形成一个连续的类似商业综合体的空间，营造出充满活力的公共空间。

　　开封体育中心项目设计创造性地将地方文化与体育建筑结合，也在体育建筑空间赛后利用方面进行了新的探索。

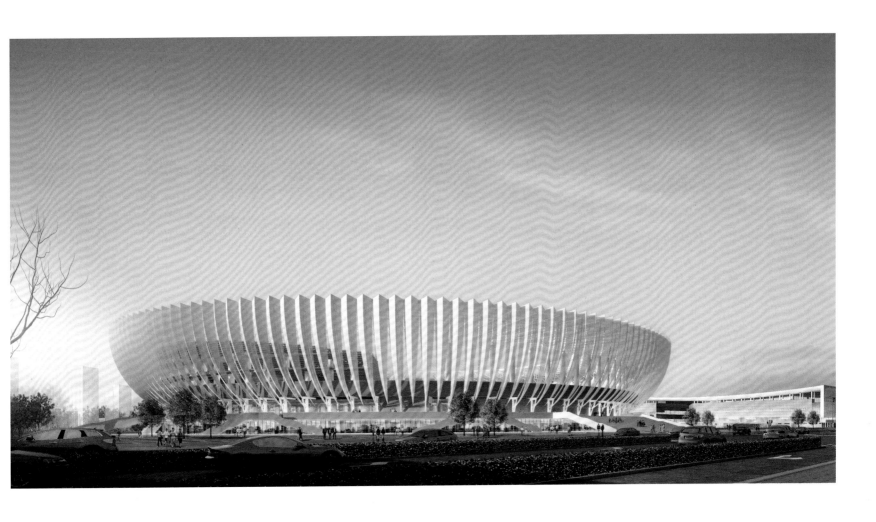

413

延安市体育场改建工程

RECONSTRUCTION PROJECT OF YAN'AN STADIUM

设计时间　2004 年
建成时间　2006 年
建筑面积　29 850 m²
建设地点　陕西省·延安市
项目获奖　2007 年陕西省优秀工程勘察设计二等奖

　　延安体育场改建项目在有限的用地条件下，在满足体育比赛视线要求的同时，将原有体育场座位数扩展为 17 000 座左右；创造性地将全民健身广场架空于南川河上空，合理地解决了紧张的用地条件和大量人流疏散的问题；将比赛场地架空，下设大型半地下停车库，解决了比赛时大量停车的问题；看台、场地均为超长结构而不设结构缝；在建筑外观造型上以地方传统文化作为基本脉络，将现代审美观和新材料、新技术相互融合，创造出既与环境协调又新颖别致的建筑形象，并且与宝塔山形成了良好的视线关系和呼应关系。

西安电子科技大学体育馆

XIDIAN UNIVERSITY GYMNASIUM

设计时间	2014 年
建成时间	2017 年
建筑面积	23 380 m²
建设地点	陕西省 · 西安市
项目获奖	2019 年全国优秀工程勘察设计行业奖三等奖
	2020 年陕西省优秀工程勘察设计奖一等奖

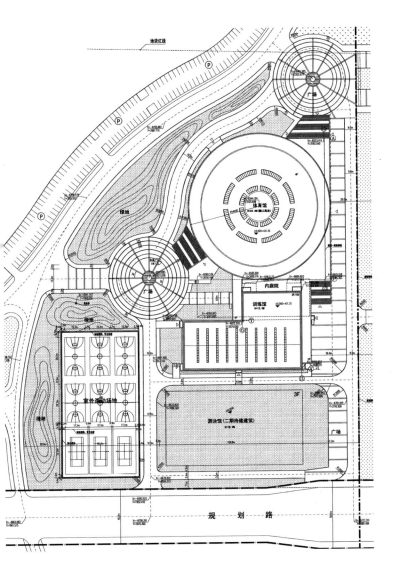

西安电子科技大学体育馆项目位于西安电子科技大学南校区东南角，用地面积约 16.67 万 m²，为南校区整体规划时考虑的体育场馆地块。用地呈不规则形态，东临西安市主干道西沣路，西与校园道路相连。

西安电子科技大学体育馆总建筑面积 23 380 m²，其中地上建筑面积 21 190 m²，地下建筑面积 2 190 m²。体育馆比赛场地尺寸为 40 m×70 m，比赛场地上空净高为 16.5 m，可满足包括体操在内的多项室内体育比赛及训练的要求。

西安电子科技大学体育馆总观众座位数 6 000 座，其中固定座位数 3 616 座（含主席台坐席 60 座），活动座位数 2 384 座（含无障碍坐席 12 座）。体育馆包括比赛馆和训练馆两个部分，设计定位以开展学校体育教学、训练及各项文体活动为主，可举办地区性和全国单项比赛，能满

足全国CBA篮球联赛的场馆要求。建筑等级为乙级,场馆建设规模为中型。

设计理念

设计强调大体量的体育建筑与既有校园建筑和环境相协调,建筑造型突显体育建筑的特点,比赛馆以具有西电学科特色的"雷达天线"为设计原型,与长条状的训练馆形成"一圆一方",彰显"天圆地方"的中国传统文化,同时寓意计算机语言"0-1"二进制代码,体现了学校特色文化,同时通过流畅旋转的金属板建筑造型将运动员超强的韧性和动感表达出来。

技术创新

体育馆比赛馆屋盖为 86 m 跨度的轻型钢屋盖,对于此类空旷大跨度建筑,需采用符合其实际受力特点的计算程序并加强抗震概念的设计。同时层次丰富的大跨度空间网架屋顶结构系统在造型上化整为零,体育馆和训练馆形成高低错落的天际线,层次丰富,相映成趣;二层室外平台的衬托使体育馆气势雄伟,充分展现了体育馆的建筑特点。

西北工业大学体育馆

THE GYMNASIUM OF NORTHWESTERN POLYTECHNICAL UNIVERSITY

设计时间　2003 年
建成时间　2005 年
建筑面积　15 000 m²
建设地点　陕西省 · 西安市

西北工业大学文体活动中心位于西北工业大学长安校区，是一座集文体活动和体育比赛于一体的综合性体育场馆。本工程以人为本，充分满足体育赛事与文化集会等个性要求，以国家有关法律、法规为准绳，严格遵守国家规范，确保建筑的安全、环保、实用，充分发挥建筑的经济效益、社会效益和环境效益。其总体设计风格鲜明，突出建筑的功能性与实用性，造型优美大方，充分展现了新时代大学体育馆的风貌，是新时代大学体育建筑的鲜明代表与旗帜。

西北农林科技大学体育馆

THE GYMNASIUM OF NORTHWEST AGRICULTURE AND FORESTRY UNIVERSITY

设计时间　2003 年
建成时间　2004 年
建筑面积　11 400 m²
建设地点　陕西省·咸阳市

　　西北农林科技大学体育馆位于陕西杨凌西北农林科技大学南校区，西临杨泉路，北临渭惠路，可容纳约 3 800 人同时观看比赛。一层场地内设计标准篮球场，二层设计舞台，可承接省内外大型篮球赛，举办大型文艺演出及会议活动。该场馆是能满足杨凌居民文化、体育、休闲需求的重要场所。

第十四届全国运动会马术比赛场地及配套项目

EQUESTRIAN VENUES AND SUPPORTING PROJECT OF THE 14TH NATIONAL GAMES

设 计 时 间　2019 年
建 成 时 间　2020 年
建 筑 面 积　23 968 m²
建 设 地 点　陕西省·西安市

项目位于西咸新区秦汉新城渭河以北，茶马大道东侧，秦汉新城与泾河新城交界处，主要承办第十四届全国运动会马术比赛项目，包括盛装舞步、场地障碍和越野赛三项；主要建设内容包括比赛及训练场地、越野赛道、马术看台楼、马厩、马医院及附属用房等。其中马术看台楼为最大的单体建筑，为 2 500 座乙级体育场馆，建筑面积 10 078.8 m²，建筑高度 22.15 m。马厩共有 15 栋，为单体钢结构建筑，可容纳马匹 330 匹，另有配套马医院、草料库等附属用房。

建筑整体布局规整，形态端庄，主要体现了如下特点。

高台式形态

秦汉建筑的营造方式为先土筑高台，然后依台建造多层的楼台宫室，这就形成了高低错落的整体建筑群落特征，受汉代建筑齐楚文化的影响，造型追求飞动之美。因此方案在城市整体风貌上表现出了高低错落的建筑形态，以塑造变化丰富的城市天际线。

三段式立面

底层采用裙房或深色调表现，中段采用表现现代新汉风元素的处理手法，顶部用坡屋顶、挑檐方式塑造中式建筑意象。立面主要使用石材，屋顶为深灰色金属屋面，墙面以浅灰、土黄、赭石色为主导色调，同时配以深色的建筑基座，表现出古朴、简约、大气且极具文化表现力的建筑意象。项目与整个环境协调统一，形成一个完整的城市风貌形象。

标志性建筑

本项目在注重体现历史文化的同时，还要反映现代科学技术水平，以新汉风的建筑形象和细节特征建立独特的城市建筑文化标识；同时结合景观中轴的节点设计，形成建筑之间的主次关系，加强空间的序列感和仪式感。

西安体育学院新校区

NEW CAMPUS OF XI'AN PHYSICAL EDUCATIONAL UNIVERSITY

设计时间　2018 年
建成时间　2020 年
建筑面积　56 360 m²
建设地点　陕西省·西安市

　　西安体育学院鄠邑校区的"一馆四场"是西安除了奥体中心之外承办比赛项目最多的场馆，手球、曲棍球、棒球、垒球、橄榄球等 5 个大项的赛事活动在此举行。项目用地沿东城路分为东西两块，北起吕公路，南至环高路，东临潭峪河，项目净用地约 49.5 万 m²，校园总建筑面积约 20 万 m²。设计以"符合全运会赛事要求，满足教学需求，赛后遗产可迅速转化为单项赛事集训基地"为设计目标。

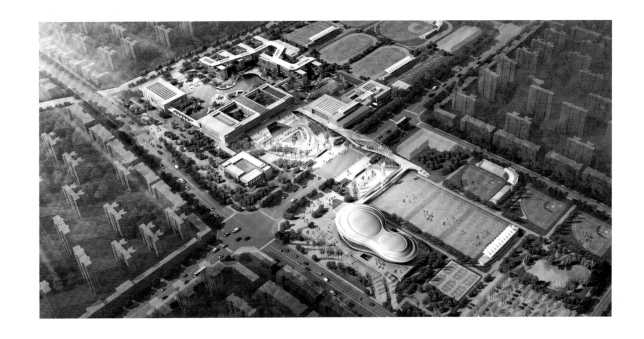

布局形态

校园分为东、西两区，各区块内均衡布置比赛场地及校园建筑。校园主入口为核心，沿东西向展开，形成以图书教学楼、校前广场、曲棍球赛场为中心，总长近 500 m 的空间主轴。

空间秩序

考虑城市人流来向，设计把重要性、对外性较强的手球馆、图书馆、综合馆、行政楼、医务楼等沿北侧吕公路布置，既满足了全运会手球项目比赛的对外交通需求，良好的建筑形象也较好地展示了体院的校园属性。

场馆使用

手球馆定位为甲级综合体育馆，共设观众席 6 300 座，按照可承办国际级手球赛事的标准规划设计和建设，同时在绿色节能、智能化建设、灯光以及场地用材等诸多方面也具有先进性。除手球比赛，其也可举办篮球比赛、艺术体操等各类大型单项赛事和各项演出活动。建筑形象动感、流畅，建成后不仅是学院的地标，也是鄠邑区的地标。

赛后利用

场馆在第十四届全国运动会结束后可用于学校教学训练，承办大型体育赛事，进行体育产业开发，面向社会开放，充分体现了"适度建设、绿色生态、节俭办赛、便于赛后利用"的要求。

长安常宁生态体育训练比赛基地

CHANG'AN CHANGNING ECOLOGICAL SPORTS TRAINING AND COMPETITION BASE

设计时间　2017 年
建成时间　2020 年
建筑面积　81 545 m²
建设地点　陕西省·西安市

　　长安常宁生态体育训练比赛基地作为第十四届全国运动会射击、射箭项目比赛的主场馆，是重要的省级场馆组。设计始终瞄准"国内一流、国际领先的国家级综合体育比赛及训练设施"的定位。

　　项目用地面积约 24 万 m²，总建筑面积 81 545 m²，其中地上建筑面积 64 675 m²，地下建筑面积 16 870 m²。

布局形态

主入口设置于场地南侧，次入口设置于场地东侧，综合射击馆与训练馆呈"一"字形布置，与枪弹库相连，形成一个整体；350 m 的甲级综合射击馆内设计有 10 m、25 m、50 m 靶场、决赛馆和体能训练用房 5 个部分，从东往西一字排开，10 m 靶位 100 个，50 m 靶位 80 个，25 m 靶位 16 组，决赛馆布置 500 人固定看台，整个靶位规模超过国内现有的所有射击馆。

空间秩序

射箭场地及室外田径场位于场地西侧，射箭场地东西长 150 m，南北宽 130 m，单项国际比赛必要时可与西侧田径场连通使用。通用配套用房临城市道路布置，公寓、办公用房、运动员教学用房联系紧密。

场馆使用

训练比赛基地除了举办全国性和单项国际比赛，同时作为国家级体育训练基地，可承担国家队及陕西省专业队的日常训练。

设计理念

整个设计贯穿"绿色西安、运动西安、人文西安"中心主题，用最自然的手笔、最简洁的建筑、最丰富的空间来传承和展示西安这座城市独特的文化与精神魅力。

渭南市体育中心

GYMNASIUM OF WEINAN SPORTS CENTER

设计时间　2010 年
建成时间　2014 年
建筑面积　81 000 m²
建设地点　陕西省·渭南市

体育中心项目用地位于渭南市渭清路与乐天大街十字路口西北角，东侧为渭清路，南侧为乐天大街，区域内地势平坦。场地包括渭南市体育中心、市体育运动学校两大功能，以体育场为中心，形成东西和南北两条轴线。游泳馆和球类综合训练馆位于东西轴线两侧，市体育运动学校则在南北轴线两侧展开，整个建筑群如同展开双翅的白天鹅，在关中大地上翩翩起舞。

主体育场位于场地两条轴线的交点上，东西宽约 175 m，南北长约285 m，共设约 31 000 座，并特设 70 个残疾人座席。体育场内东、西向视距、视景条件优越的区域为主看台，而南、北向视线不利的区域只布置少量座席，为次看台。主席台设于西侧主看台区域内，交通便捷、视线良好。

铜川体育馆

TONGCHUAN GYMNASIUM

设计时间　2010 年
建成时间　2021 年
建筑面积　19 675 m²
建设地点　陕西省·铜川市

项目建设用地四面均临城市道路，东侧为华夏南道，北侧为静基路，西侧为长宁南道，南侧为恒春路。用地内除铜川体育中心外，会展中心也位于该街区内，为了使二者充分协调，设计采取统一规划，使体育中心、会展中心等几组建筑充分协调又自成一区。

体育馆在功能上分为两大系统，一是综合训练和全民健身区，设于体育馆一层，层高 5.2 m，在此可开展多项专项训练和全民健身活动。二是比赛、训练区，设于二、三层。南侧比赛区为一个有 4 500 座观众席的标准比赛场地，具有体育比赛、文艺演出 / 群众健身三大功能。北侧训练场地在满足运动员日常训练和赛前热身的基础上，增设了场馆办公、运动员健身等功能。

观众主要通过南侧大踏步到达二层大平台，再通过入口进入休息大厅。西北角为运动员入口，东北角为贵宾及裁判员入口。体育馆造型设计简洁，富有韵律，与体育场造型协调，使整个体育中心融为一体。

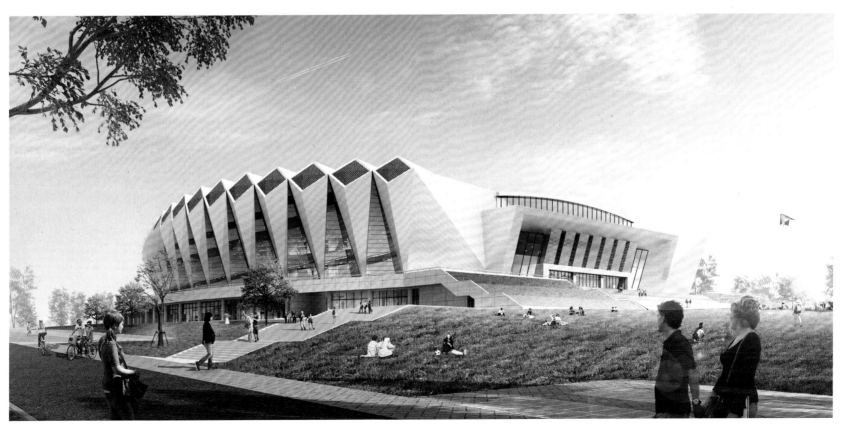

第四军医大学门诊和急诊楼

CLINC AND EMERGENCY BUILDING OF NO.4 ARMY MEDCIAL UNIVERSITY

设计时间　　1993 年
建成时间　　1996 年
建筑面积　　34 288 m²
建设地点　　陕西省 · 西安市
项目获奖　　1998 年陕西省优秀工程勘察设计一等奖
　　　　　　1998 年建设部优秀勘察工程设计奖表扬奖

第四军医大学门诊楼（西京医院）建于 1998 年，位于西安市长乐西路与兴庆路的交会处，是一座现代化综合医疗建筑。大楼主要由门诊部、医技部、住院部三大部分组成，同时设有配套的其他附属设施。中央主楼 9 层，裙楼 5 层，地下一层。平面布局根据医疗工艺要求并考虑城市空间特点，采用尽端单元式组合和弧形对称平面。

全楼设有 43 个尽端，布置有 39 个科室，并设有 12 个公用设施系统。该项目具有医疗环境优美、舒适，功能布局合理，建筑造型舒展大方、亲切宜人的设计效果，为患者和医护人员营造了良好的就诊和工作环境。

第四军医大学唐都医院

TANGDU HOSPITAL OF NO.4 ARMY MEDCIAL UNIVERSITY

设计时间　2007 年
建成时间　2011 年
建筑面积　78 000 m²（综合病房楼），26 700 m²（脑科医院楼），30 000 m²（骨科医院肿瘤中心）
建设地点　陕西省 · 西安市

　　第四军医大学唐都医院由 3 部分组成，包括综合病房楼、脑科医院楼、骨科医院肿瘤中心，均属于一类高层建筑，耐火等级一级，抗震设防烈度 8 度。

　　综合病房楼地上 19 层，地下 2 层，采用框架剪力墙结构体系，建筑总高度 79.5 m。底层为住院大厅、手续医保科、消毒供应科等；2 层为病理科、介入科、静脉配置科、超声科等；3 层为手术麻醉科 、ICU 监护中心等；4 至 19 层为各科室护理单元及惠宾病房等；屋面有设备用房和上人屋面。脑科医院楼采用框架剪力墙结构体系，地上 15 层，地下 1 层，建筑总高度 63.15 m。底层为脑科楼住院登记和门诊处及大厅等；3 至 14 层每层为各科室的护理单元；15 层为多功能学术厅等。

　　骨科医院肿瘤中心采用框架剪力墙结构体系，地上 15 层，地下 1 层，建筑总高度 63.15 m。底层为住院登记处、骨科实验部及大厅等；2 层为骨科手术部；3 至 14 层为骨科、肿瘤科、中医科室的护理单元；15 层为多功能学术厅等。

西安交通大学第二附属医院医疗综合楼

MEDICAL SYNTHESIS BUILDING OF THE SECOND AFFILIATED HOSPITAL OF XI'AN JIAOTONG UNIVERSITY

设计时间　2008 年
建成时间　2010 年
建筑面积　90 213 m²
建设地点　陕西省·西安市
项目获奖　2013 年陕西省优秀工程勘察设计一等奖

　　西安交通大学第二附属医院（西北医院）为一大型医疗综合楼，主要功能包括医技部、急诊、门诊、大内科、大外科、手术、供应、住院等部门，及与之配套的库房、车库、人防用房、设备用房等。大楼平面呈"品"字形，结合 3 个交通核满足了各科室既相对独立又方便联系的要求。5 层手术部为外环清洁走道，内区为双洁净走道，形成回字形，满足洁净手术的要求。7 至 10 层住院部为双内廊矩形平面，符合住院部护理单位路线最短原则。建筑造型力争简洁、宁静，符合医院建筑造型特征。大面积墙面上开小窗，干净整洁，局部增加横向线条的幕墙。为突出中心、入口，形成鲜明的形象特征，南立面中部形成凹字形，从底到顶一气呵成，连贯统一、简洁，充分体现医院建筑的特点。

中美合资长安医院二期工程

CHANG'AN SINO-US JOINT VENTURE HOSPITAL PHASE II

设计时间　2005 年
建成时间　2010 年
建筑面积　43 000 m²
建设地点　陕西省·西安市
项目获奖　2016 年陕西省医院优秀建筑设计专项奖三等奖

　　长安医院是经卫生部、外经贸部批准设立的中外合资的以诊治各类肿瘤、神经系统疾病、心血管疾病为主的三级甲等综合医院，占地面积 76 400 m²，总设计床位数 1 000 床。医院规划分三期完成。二期工程主要功能为住院部、手术中心、办公用房及医疗辅助用房，还设有部分门诊用房。设计病床为 500 床，日门诊量为 2 000 人次，手术室 11 间；ICU 重症监护室 14 床，CCU 心脏重症监护室 10 床。二期工程位于原门诊综合楼的北部和东部，裙房与原门诊综合楼连通，形成通达的医治环境。

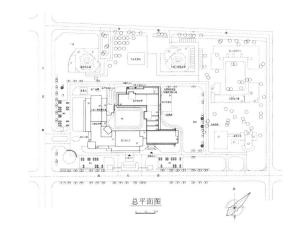

总平面图

陕西中医药大学第二附属医院

THE SECOND AFFILIATED HOSPITAL OF SHAANXI UNIVERSITY OF CHINESE MEDICINE

设计时间　2015 年
建成时间　2019 年
建筑面积　209 635 m²
建设地点　陕西省·西安市

陕西中医药大学第二附属医院为迁址新建项目。项目用地面积 134 405 m²，一期总建筑面积 209 635 m²，为 1 500 床三级甲等综合医院。其中一期门诊住院综合楼建筑面积 204 395 m²，地上 12 层，地下 2 层，建筑高度 49.5 m，为框剪结构。

项目位于西安市西咸新区沣西新城，北侧为西宝高速，东侧为白马

河大道，南侧为永平路。场地内已建住院综合楼（协同创新楼）一栋，层数控制在 12 层，是设计的重要制约因素。

设计通过空中连廊将已有协同创新楼与新建综合楼连接起来，并且综合楼造型与原协同楼保持一致，这样一来，新旧建筑在功能、造型上浑然一体。新设计总体分为三部分，东侧为绿化和停车区域，中心布置

核心医疗区，西侧为教学区。医疗区与教学区分设独立出入口，
中间以水系景观区联系。医疗区南侧布置门诊主入口及广场，
东侧结合绿化带布置急诊、急救及住院入口，通过这两个关键
区域的简单规划与指引，使医疗区形成清晰明了的组织结构。
医疗区主体建筑结合已建住院楼，形成南北轴线的几何中心，
使公共空间、诊疗空间、外部空间都产生联系并形成中心主通道，
引导病人以及访客穿行。可自然采光通风的景观庭院决定了建
筑布局，景观庭院打开了建筑局面，创造了明亮、通透的环境，
也利于在运行中减少能耗。建筑内部层层连通，为现代物流传
输系统的应用带来了便捷。屋顶设置绿植及太阳能热水系统，
最大限度利用太阳能，减少了能源和空调的使用。

西安市中医医院

XI'AN HOSPITAL OF TRADITIONAL CHINESE MEDICINE

设计时间	2010 年
建成时间	2014 年
建筑面积	98 114 m²
建设地点	陕西省·西安市
项目获奖	2017 年全国优秀工程勘察设计行业奖二等奖
	2017 年陕西省优秀工程勘察设计二等奖
	2013—2019 年度中国医疗业"金十字奖"

西安市中医医院位于西安市未央区张家堡广场东侧，与西安市行政中心毗邻。其占地面积 8.87 万 m²，总建筑面积 98 114 m²，规划床位 1 001 床，门、急诊量 3 000 人次 / 日。西安市中医医院是一所集医疗、保健、养生、康复、科研、教学为一体的中西医结合的大型三级甲等中医医院。

西安市中医医院规划设计以医疗工艺为基础，传承和弘扬中医药文化，从中国传统文化中汲取养分，对中国传统空间理念和传统文化元素加以提炼，运用现代设计手法重新诠释，创造出富有中医药文化特色的园林式现代化医院。

传统与现代相结合

设计提取"坡顶"元素，运用现代设计手法重新诠释，赋予其新的活力，将传统建筑中秦砖汉瓦的灰色色调运用于建筑墙面和屋顶。色彩沉稳朴素、典雅大气，与城市的气质相吻合，也与中医文化相契合。

传统中医与现代医院相结合

西安市中医医院从庭院空间到建筑造型、建筑外墙细部纹饰、建筑色彩、建筑装修、天窗窗格、引导标识系统、室内外中医文化雕刻及环境景观小品无不体现中医元素，做到了中医传统文化与现代医院功能有机结合。

整体协调，优化形象

西安市中医医院毗邻西安行政中心，设计理念与行政中心采用的"和而不同"的建筑设计理念相协调，兼顾城市中心的形象，使之与整个环境整体协调统一，形成一个完整的城市形象。

西北妇女儿童医院

NROTHWEST HOSPITAL FOR WOMEN AND CHILDREN

设计时间　2012 年
建成时间　2015 年
建筑面积　150 255 m²
建设地点　陕西省·西安市
项目获奖　2017 年全国优秀工程勘察设计行业奖三等奖
　　　　　2017 年陕西省优秀工程勘察设计一等奖

西北妇女儿童医院是一座集医疗、保健、科研、教学、培训等功能为一体的大型三级甲等妇女儿童医院，总用地面积约 10 万 m²，总建筑面积 150 255 m²。

西北妇女儿童医院的建筑形态以医疗功能为基础，以医疗流程为根本。主体建筑坐西朝东、中轴对称、高低错落、虚实相生、平坡结合、特色鲜明，将汉代简约大气、古朴素雅的建筑意象和直线形四坡屋顶的传统建筑元素融入现代建筑之中。

尊重历史，延续文脉

设计团队汲取汉代建筑文化元素，结合现代技术，运用现代建筑设计手法对其重新诠释，赋予建筑地域特色和时代特征。

体现妇女儿童特色

设计融入了体现妇女儿童特色的设计元素，利用雕塑、色彩创造符合妇女儿童特质的建筑空间。

科学合理的总体规划

医院功能分区明确，布局合理，联系方便。

集约高效的建筑布局

设计采用双医疗街的"鱼骨状"布局，医技科室居中，妇儿诊室分居两侧，交通组织顺畅，工艺流程科学。

人性化的就医环境

在院落布局方面，以康复花园、庭院绿化等营造优美的室外活动场所；利用自然通风采光、绿色设计理念，实现低碳环保的绿色医院目标。

西安市胸科医院

XI 'AN CHEST HOSPITAL

设计时间　2009 年
建成时间　2015 年
建筑面积　72 343 m²
建设地点　陕西省 · 西安市

西安市胸科医院考虑到传染性应急病区楼主要用于应对突发性恶性传染病的收治，承担国家重大疾病防控治疗的责任及常年主导风向为东北风，将该楼设于基地东南角，其北侧、西侧均设有绿化隔离带以与其他病区隔离，应急病区面向基地东侧城市规划路设有入口广场，方便人员独立出入，紧急情况下隔离带可封锁戒严，且该楼位于下风向，不会影响医院内其他功能空间。本项目所有医疗建筑均采用三通道模式，有效组织了医患流线使其均能达到安全、高效的要求。在新冠肺炎疫情抗疫诊疗中，该医院发挥了重要的作用。

总体布局

门急诊医技楼位于用地北侧，住院部传染病房位于医技楼以南（下风向），以便设施、资源共享，低能高效，避免传染患者在园区的较长流线中交叉感染。行政办公楼位于基地最东侧，与医院病区有绿化带隔离，整个园区患者、医护人员、行政人员、后勤供应等均有各自独立出入口。

交通流线

　　本项目交通设计具有清晰的方向性，避免不必要的迂回流线，同时保证对外服务流线、住院流线、货运、垃圾污物运输互不交叉干扰，合理的车流、人流组织可有效避免交叉感染，同时大大减少来院患者的就医时间。设计团队通过合理确定功能分区，科学组织人流、物流，做到洁污分区，有效切断传染途径，避免交叉感染。

西安市人民医院

XI'AN PEOPLE'S HOSPITAL

设计时间　2012 年
建成时间　2020 年
建筑面积　158 168 m²
建设地点　陕西省·西安市

　　西安市人民医院是一所集医疗、康复、保健、科研、教学等为一体的现代化大型三级甲等综合医院。规划设计遵循以人为本的理念，以健康为中心，以医疗流程为主线，为患者营造温馨舒适的就医体验，为医护人员提供方便的工作条件，构建高效便捷、绿色生态、人性化的现代化医院。

　　总体规划布局分区明确，各医疗部门布局紧凑，提高医疗效率的同时，预留未来建设发展用地。绿化景观用地有机布置，实现各个功能区景观均好性；分期建设合理，以达到持续发展的目的。

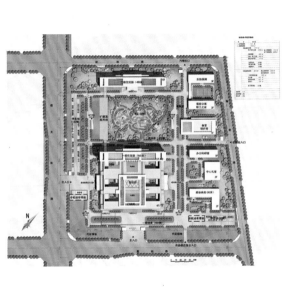

西安市长安区医院迁建工程

RELOCATION OF HOSPITAL IN CHANG'AN DISTRICT, XI'AN

设计时间　2011年
建成时间　2017年
建筑面积　85 676 m²
建设地点　陕西省·西安市
项目获奖　2016年陕西省医院优秀建筑设计专项奖一等奖

本项目位于西安市长安区，北临韦郭路，东临文苑路；建设用地面积45 880 m²，门诊住院综合楼建筑面积85 676 m²，床位数900床，地上高19层，地下1层，总高78.5 m，框架剪力墙结构，耐火等级一级。

本项目建成后是长安区规模最大、最先进的三级甲等、现代化的综合医院。医院建设立足于医院研究、医院设计、医院管理3个方面。医院设计是实现研究和管理目标的重要环节，具有承上启下的关键作用。一个现代化的医院应该把握现代医疗建筑的发展方向，本设计主要突出以下技术特色。

融合现代医疗服务理念与技术

大型医院由于科室部门多，功能要求复杂，需要设计人员精心规划、统筹安排，才能做到功能分区明确合理，保证交通简洁、顺畅、安全与方便。

创造以人为本的医疗康复环境

在人居环境不断改善的背景条件下，人们对医疗设施的要求也与从前有很大不同，医疗设备品质的改善与提高不仅体现在医疗功能的完善方面，其内涵还扩展到人们对医疗环境品质的追求，对室内设计、家具配置、色彩搭配和医院的室外庭院与内院绿化、美化都有了进一步的关注。

建设合理、可靠、科学的医疗空间

合理设计就医流线，构建功能区间，防止医院内的交叉感染是医院设计中一项重中之重的工作，规划设计不合理或是管理不到位都将直接影响到病人的康复和治疗。化验室、病理解剖室、手术室等产生的医疗垃圾要和一般生活垃圾分开，收集运送及暂存处理要周到安排，以防传染。另一方面，医院是特殊的建筑，其结构安全非常重要，医院的非结构系统如建筑构配件、公用系统（水电、医疗气体等）也非常重要，不仅要考虑到平时的安全使用和平稳运行，还应考虑应急状态的使用要求。

贯彻可持续发展的理念和思路

医疗设施与环境密切相关。医院内存在放射线、电磁波、医疗垃圾、污废水、粉尘、噪声等污染源，有可能对周边环境产生危害，需要加以防范。在各类公共建筑中医院建筑的能耗是最高的，对此要在技术措施上尽可能利用新技术和新材料达到节能的目的。

445

延安市中医医院迁建工程

RELOCATION OF YAN'AN CHINESE MEDICINE HOSPITAL

设计时间　2014 年
建成时间　2019 年
建筑面积　73 287 m²
建设地点　陕西省·延安市
项目获奖　2016 年陕西省医院优秀建筑设计专项奖一等奖

　　延安市中医医院迁建工程为迁址新建项目，位于延安市新区。项目用地面积 73 287 m²，总建筑面积 115 600 m²，为 1 000 床三级甲等综合中医医院，设计概算 64 042 万元。其中一期门诊住院综合楼 79 820 m²，地上 16 层，地下 1 层，建筑高度 67.8 m，框剪结构。项目位于延安新区（北区）一期中部偏东。本项目包含了若干子项，其中包括一期门诊住院综合楼、二期住院楼、行政后勤管理楼、中药制剂楼、学术报告厅及高压氧舱。

　　新基地东西宽 243.59 m，南北长 306.59 m，形状较为规整，场地平整。在总平面布局上，将主入口设置于南侧，东西及北侧道路设次要出入口及污物出口。一期门诊住院综合楼位于基地西侧，通过连廊与二期住院楼相连接。中药制剂楼、行政后勤管理楼及学术报告厅位于基地东南角。西北侧设高压氧舱。东北侧设置集中绿地及部分地面停车场。

居住建筑

RESIDENTIAL BUILDINGS

群贤庄

QUNXIANZHUANG RESIDENCE

设计时间　1999 年
建成时间　2002 年
建筑面积　72 902 m²
建设地点　陕西省·西安市
项目获奖　2003 年建设部优秀勘察工程设计一等奖
　　　　　2004 年国家级优秀工程勘察设计金奖
　　　　　2004 年中国建筑学会建筑创作佳作奖
　　　　　2009 年中国建筑学会新中国成立 60 周年建筑创作大奖

群贤庄小区在规划立意之初，从文化上融于古都西安，体现西安特色。

群贤庄项目位于盛唐长安王公贵族、文人雅士聚居的群贤坊遗址之上，据说这里也曾是大诗人李白、才女上官婉儿的居住之所，故此这座建在"宝地"上的现代小区使用了"群贤"之名。

设计在考虑建筑功能现代化、审美情趣现代化的同时，在内部空间、外部空间和建筑艺术造型3个环节上精心处理，坚持传统与现代结合，考虑到人们对于现代居住环境中的生活方式、习俗、情趣、品位的关注；吸取我国传统四合院住宅内外有序、动静有别的特点，进行各户的平面

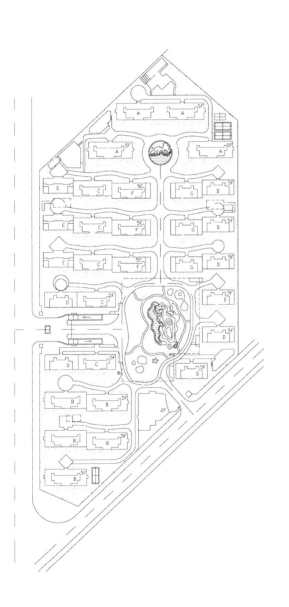

布局。

在建筑艺术造型上，则通过与功能空间相结合的体形变化、坡屋面的处理、天然石材的饰面铺砌，以及阳台栏杆式样的选择，创造出简洁、质朴、自然的建筑艺术形象。群贤庄住宅没有用一个唐代建筑的符号，也没有其他的附加装饰，建成之后却被居民广喻为"新唐风"，这实在是取唐之精神的缘故。同时，设计还超前地采用了多项绿色节能技术。

群贤庄占地不大，看似布局简单，丝毫没有设计的痕迹，实则匠心独运，整个空间跌宕起伏、山回路转、错落有致，在简单的环境中巧妙地营造出中国山水画般的诗情画意。建筑朴素典雅，处处体现人文情怀。整个小区环境有一种静谧的世外桃源的氛围。

天创云墅

TIANCHUANG VILLA RESIDENTIAL QUARTER

设计时间　2016 年
建成时间　2019 年
建筑面积　92 200 m²
建设地点　陕西省·西安市

　　天创·云墅项目用地位于西安市倚中路与阎油路西南角，北侧为阎良第一中学。项目周边缺乏成熟的城市商业配套，无良好的景观资源与城市公共活动空间。项目所处于区域为新兴住宅区，周边竞争项目较多。

设计理念

　　项目依据"以人为本，持续发展，低碳生态，创新融合"的规划原则，以航空文化为主题，从规划、文化、户型、造型 4 个方面入手，在规划中创造更多的景观空间，给予住户更多的人文关怀，将航空文化引入建筑，对户型进行微创新，加入立体绿化的概念，同时采用更加符合现代住宅审美的共建化立面，体现了国际住区、生态健康、人文关怀、智慧生活四大设计理念。

规划布局

　　结合设计理念，本项目形成了五重公园的规划布局，分别为城市绿带、口袋公园、中央公园、私密庭院和立体绿化。小区在满足规范和区内总体日照要求的前提下，布置 5 栋 16 层住宅，高度均为 48.15 m。5 栋住宅

建筑以及商业裙房分别以不同的角度契合地形，形成对外开放、对内互动、外华内幽的规划布局。小区人行主出入口设置于北侧倚中路，人行次出入口置于东侧规划路，车行出入口设置于西侧小区级道路和东侧规划路。

建筑设计

本设计将核心精神"飞翔"折射在项目的空间特征及单体建筑形式上。建筑单体概念源于飞行器的风貌特征和区域精神气质，结合现代精神，打造现代风格主导的、浸润阎良航空风情的主题社区。设计团队对材质的关注与细节的雕琢提升了项目整体品质，清晰简约的线条打造了整个社区富有现代感的优雅轮廓。商业部分延续了住宅的现代风格，造型与线条的处理更加灵动。在城市尺度上形成连续的商业流线与展示面。简约单纯的外立面设计表现了设计者对现代主义建筑及现代精神的致敬，特征鲜明的建筑美学背后，是设计者对功能与实用的极度关注。

喀什深圳城

KASHGAR SHENZHEN CITY

设计时间　　2012 年
建成时间　　2016 年
建筑面积　　149 700 m²
建设地点　　新疆维吾尔自治区·喀什市
项目获奖　　2018 年第十八届深圳市优秀工程勘察设计奖一等奖

　　喀什深圳城是深圳、喀什两地党委政府，按照中央新疆工作座谈会及国务院《关于支持喀什霍尔果斯经济开发区建设的若干意见》的要求，在喀什东部新城的经济开发区中心规划建设的重点项目。项目的建成加快了中巴经济走廊"喀什桥头堡"的形成，提升了喀什的城市品位，有力促进了喀什和南疆经济发展与社会稳定。

　　沿着笔直宽阔的深喀大道一路向东，一片融合了民族风格与现代元素的建筑群十分抢眼，高耸的塔楼上刻着"深圳城"三个字。该住宅区分为南面商业区和北面办公区，从南至北分别布置大型超市、美食城和3 栋高层办公楼，南低北高，总建筑面积 147 500 m²，建筑高度小于100 m，错落有致。建筑富有韵律感与标志性，具有强烈的地域与民族风格，偏南朝向，停车设施充足；南北人行主轴与东西车行主轴塑造了深圳城匀称、有序、庄重的建筑空间。

风景御园

FENGJING YUYUAN RESIDENCE

设计时间　　2009 年（合作设计）
建成时间　　2011 年
建筑面积　　406 303 m²
建设地点　　陕西省·西安市
项目获奖　　2013 年全国优秀工程勘察设计行业奖三等奖
　　　　　　2013 年陕西省优秀工程勘察设计一等奖

风景御园小区为围合式小区，住宅均为高层及小高层，东、西、南临街，一、二层为商业服务网点，北边凤城八路有 4 栋公寓式住宅及商业裙房，使小区内部形成一个围合空间。

设计以西安古典城市规划及住宅民居形式为模本，遵循以人为本的规划设计理念，以人的行为规律为依据，组织住宅小区的总体布局规划、空间设计、环境景观设计及建筑总体外形设计。借鉴古典社区的规划形式，住宅地块采用中正和谐的规划布局方式，建筑排列整齐，以呼应西安市作为世界四大古都之一特有的建筑风格，与周边环境相协调。在单体设计中，采用大空间（高层建筑独有的空间格局），尺度较大，视野宽广，庭院空间规整大气。在景观设计中，采用小天地，避免一目了然，达到移步换景的效果。

白桦林居

BIRCH LINJU RESIDENCE

设 计 时 间　　2006 年
建 成 时 间　　2009 年
建 筑 面 积　　861 500 m²
建 设 地 点　　陕西省 · 西安市
项 目 获 奖　　2009 年全国优秀工程勘察设计行业奖二等奖
　　　　　　　2009 年陕西省优秀工程勘察设计一等奖

　　白桦林居是以居住为主，集休闲、办公、商业于一体的大型综合性高档居住区。总体规划将白桦林居居住小区与张家堡广场、城市运动公园作为一个整体，强调城市设计的区域完整性。设计力求简洁、明快，注重人文特色、地方特色，在亲切、自然、质朴中透着尊贵和闲适的气质；

采用简约现代的处理手法，选用当地的材料，呈现材料质感；注重对细节的推敲，如建筑的转角、开窗形式及大小、面砖的拼接方式等，同时用建筑表达人们所推崇的闲适的生活方式。

白桦林间

BIRCH LINJIAN RESIDENCE

设计时间　2008 年
建成时间　2012 年
建筑面积　700 000 m²
建设地点　陕西省·西安市
项目获奖　2017 年陕西省优秀工程勘察设计二等奖

在建筑布局方面，高层沿基地周边布置，中心布置多层叠拼住宅，配套公建沿东侧、南侧布置，形成周边高、中心低的格局。小区在高层区域和叠拼区域之间设置一条自然蜿蜒的带状中心绿地，它贯穿联系小区两个主要出入口。建筑整体造型追求具有现代意味的 Art-Deco（艺术装饰风格）建筑风格，强调建筑物的高耸、挺拔、傲然屹立的非凡气势；采用简洁流畅、挺拔向上的线条，显现出建筑本身高贵而内敛、优雅而稳重的文化气息。在户型设计中，每户主要居室尽量为南向，为户内争取良好的通风采光，并兼顾景观，强调动静分区。

绿地·海珀兰轩

HAIBO LANXUAN RESIDENCE OF GREENLAND GROUP

设计时间　2005 年
建成时间　2008 年
建筑面积　134 161 m²
建设地点　陕西省·西安市

绿地·海珀兰轩项目位于西安市北郊核心位置，正对市政府，紧临西安城市运动公园。

作为绿地集团"海珀系"顶级精装豪宅的代表，"兰轩"的颠覆式创新开创了西北豪宅新的标杆。智能化家居场景控制系统、远程家电控制系统、自动平衡通风系统、软化直饮水处理系统、垃圾处理系统、车库蓝牙识别系统、电梯一卡通系统等智能化系统为住户带来更多的安全性与便利性。绿地·海珀兰轩项目与霍尼韦尔（Honeywell）、通用电气（General Electrics）、日本三菱（Mitsubishi）、大金（Dakin）、高仪（Grohe）等世界一线品牌强强联手，采用戴德梁行全程 24 h 礼宾式英式管家贴身服务，力图打造奢华至极的住宅艺术品。

碧桂园西安凤凰城一期

PHOENIX CITY PHASE I, XI'AN, COUNTRY GARDEN

设计时间 2016 年
建成时间 2018 年
建筑面积 72 000 m²
建设地点 陕西省·西安市
项目获奖 2020 年度陕西省优秀工程勘察设计奖三等奖

碧桂园西安凤凰城项目是碧桂园集团进驻西安房地产市场以来的最重要的项目之一。C 地块一期位于西安北三环北侧灞浦二路以北，东临城市主要道路北辰大道。开发用地内为一梯两户的精装修小高层和多层洋房住宅产品。

一期规划在布局上以建筑融合景观为主线，突出景观展示区的昭示性形象，并结合售楼部的合理位置，塑造出一个引人入胜的高端楼盘形象。建筑穿插布置于绿地中，创造出步移景异的高品质居住环境，在街角的位置退让出街角小广场，使售楼处和商业形象得到充分展示。

西安锦都花园小区

XI'AN JINDU PARK RESIDENTIAL DISTRICT

设计时间　2001 年
建成时间　2004 年
建筑面积　166 000 m²
建设地点　陕西省·西安市
项目获奖　2005 年陕西省优秀工程勘察设计一等奖
　　　　　2005 年建设部优秀勘察工程设计二等奖

　　小区由 18 幢住宅楼及附建式社区中心、幼托和临街公建组成，其功能分布首先满足小区的居住条件和安静的居住空间的要求。由于小区西临 180 m 宽的唐延路，南临城市规划道路，故在小区出入口方面，结合城市道路设置了西、南两个出入口。西面入口为消防车辆主入口，南入口为人流主入口，其被设计成酒店大堂式入口，增加了亲和力，提高了居住品质。

　　小区的中心地带设置有小型广场。由于它位置适中，服务半径合适，同时又处于南入口处的中轴线上，这使得该广场十分重要。它担负着展现小区环境、提高小区整体质量、表现小区品质的功能，同时满足人员活动需求。

西安锦园新世纪

XI'AN JINYUAN NEW CENTURY RESIDENTIAL DISTRICT

设计时间　2001 年
建成时间　2006 年
建筑面积　715 076 m²
建设地点　陕西省·西安市
项目获奖　2007 年陕西省优秀工程勘察设计一等奖
　　　　　2008 年全国优秀工程勘察设计行业奖二等奖

锦园新世纪布置了北、东、西 3 个组团，组团之间以规划路与带形景观广场划分。建筑高度从南到北渐次升高，形成丰富的天际轮廓线。环境设计以"均享"为原则，在注重主轴线景观设计的同时，又注重各组团环境的独立特色，并着意创造宅旁、宅间空间的自然环境和景观，创造具有亲和力的生态环境。单体设计注重建筑形式的多样化与户型的多样化，建筑风格简朴自然。

西安星河湾一期住宅项目

XI'AN XINGHEWAN PHASE I RESIDENTIAL PROJECT

设 计 时 间　　2013 年
建 成 时 间　　2016 年
建 筑 面 积　　279 000 m²
建 设 地 点　　陕西省·西安市

　　西安星河湾一期住宅项目位于西安市西咸新区秦汉新城兰池大道以北，秦苑五路以西，正处于秦汉新城 CBD 核心区与居住用地交界的位置，距离西安火车北客站 13.2 km，距离西安咸阳国际机场 14.6 km。

　　本项目秉承"道路通畅、设施共享、生态宜居、特色鲜明、私密性好"的规划理念，打造了环境良好、服务高效、功能完备、设施完善、高效快捷、安全便捷的生态宜居片区。

　　该地块的景观结构以水系为基础，通过外部水体的渗透，结合内部的小水系景观，共同营造出一个生态水系景观网络，也创造出具有地域特色、尺度亲切宜人、细部丰富优美的小区景观。

复地·优尚国际

INTERNATIONAL YOU TOWN

设计时间　2008 年
建成时间　2011 年
建筑面积　220 000 m²
建设地点　陕西省·西安市

　　复地·优尚国际总占地面积约 62 666.7 m²，规划住宅 2 000 多户。由高品质的点式住宅、商业用房、幼儿园组成。 住宅以中小户型为主，在保证居住舒适度的前提下，尽量设计多居室，以满足工薪阶层的居住需求，使得社会效益、经济效益、环境效益高度统一。立面设计采用新古典主义，摩登的形体同时具有优雅的气质。

西安世园会指挥中心和生态公寓

XI'AN WORLD HORTICULTURAL EXPOSITION CONDUCTING CENTER AND ECOLOGICAL RESIDENCE

设计时间　2010 年
建成时间　2011 年
建筑面积　42 670 m²
建设地点　陕西省·西安市

　　西安世园会指挥中心和生态公寓位于世园会园址内东北角，世博大道和规划二路交会处西侧，临近园区次入口。一期建筑面积为 42 670 m²，包括指挥中心和生态公寓（包括 12 栋联排别墅和 4 栋花园洋房）两部分，旨在于世园会举办期间为工作人员提供办公及住宿场所。设计利用园址内得天独厚的景观资源，采用低层低密度的设计手法，使每户尽享充足的阳光和优美的景观，户户朝南，方正大气。多重景观，层层递进，形成了公共空间（中央绿轴）— 半公共空间（组团绿地）— 私密空间（私家庭院）的自然过渡，营造了和谐的邻里关系和浪漫的私家生活。

申江名邸

SHENJIANG MINGDI RESIDENCE

设计时间　2004 年
建成时间　2006 年
建筑面积　10 438 m²（西区），22 563 m²（东区）
建设地点　上海市

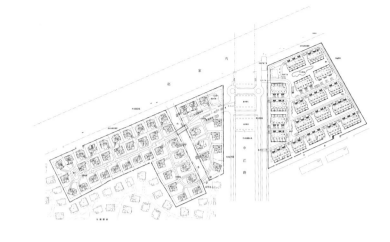

申江名邸分东西两区，西区占地面积 40 000 m²，规划设计为 47 栋独立花园别墅，一栋运动休闲会馆。别墅为南加州风格，建筑元素有极具加州风情的手工抹墙（STUCCO）、特色文化石、筒瓦、拱窗、石材、原木门、锻打铁艺，打造出纯手工工艺雕琢的高品位别墅，完美展现浪漫温馨的异域风情。东区为 19 栋共 100 套联排别墅，一栋综合会所，建筑风格为纯地中海风情，呈现出浓烈的西班牙建筑风格。

经发大厦 A 座

BLOCK A, JINGFA BUILDING

设计时间　2015 年
建成时间　2018 年
建筑面积　61 865 m²
建设地点　陕西省·西安市
项目获奖　2020 年度陕西省优秀工程勘察设计奖二等奖

　　经发大厦 A 座位于西安市城北经济技术开发区，总建筑面积 61 865 m²，其中 1# 楼 30 650 m²，2# 楼 5 245 m²，地下商业部分 5 970 m²。1# 楼地上 16 层，1~2 层为商业用房，3~16 层为住宅。2# 楼地上 5 层为商业用房。地下均为 3 层。该区域建筑密集，用地紧张，是城北主要商业区块。为了实现该用地的最大商业价值和提升用地周围环境，本项目以多层酒店、高层公寓式住宅以及下沉商业广场多种形式相结合，打破传统住宅的形式，以满足该地区特殊的商业和居住需求。

国色天香二期项目

GUOSETIANXIANG PHASE II PROJECT

设计时间　2012 年
建成时间　2018 年
建筑面积　277 900 m²
建设地点　陕西省·西安市

　　国色天香二期项目位于长安区大学城韦郭大道。设计团队在设计二期时，通过从空间品质的营造和宏观结构的关系入手，让二期建筑不但服从大局，同时也彰显自身特点。

　　主轴线上的景观步行道将中心部分各个相对独立的庭院空间进行有机串联，不但加强了各个庭院空间的联系，也形成了一条丰富的景观通廊。景观中心区之外的环形路网与一期直线路网有机结合，整体视线通而不畅，主次有别，为景观的设计做了很好的铺垫，使得二期的空间品质与一期相比有了质的飞跃。

超高层建筑
SUPER HIGH-RISE BUILDINGS

陕西信息大厦

SHAANXI INFORMATION BUILDING

设计时间　1996 年
建成时间　2011 年
建筑面积　105 000 m²
建设地点　陕西省·西安市
项目获奖　2015 年陕西省优秀工程勘察设计一等奖

　　陕西信息大厦主楼总高 191 m，主要为客房及商务写字间。客房按 399 套房间 784 张床位设计，商务写字间面积为 24 000 m²。配套设施包括餐厅（设有中、西餐厅，风味餐厅，宴会厅）、多功能厅等；商务会议部分设有商务办公用房、国际会议厅、大小会议室等；娱乐部分设有游泳池、健身房、桑拿室、茶室、酒吧等；商业部分设有精品商场、展厅等。整个酒店按五星级标准设计，建成时为西安当时最高的超高层建筑。

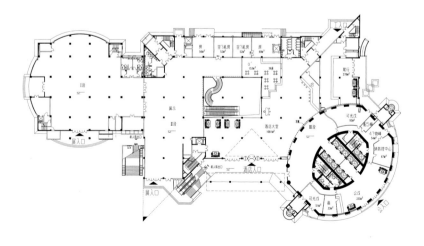

陕西电信公司网管中心

NETWORK MANAGEMENT CENTER OF SHAANXI TELECOM COMPANY

设计时间　1998 年
建成时间　2005 年
建筑面积　81 668 m²
建设地点　陕西省·西安市
项目获奖　2004 年中国建筑学会建筑创作佳作奖
　　　　　2005 年陕西省优秀工程勘察设计一等奖

　　陕西电信公司网管中心因挺拔高大的形象、典雅高尚的气质、简约理性的风格，已经成为高新区标志性建筑。其总体布局分办公生产区与生活居住区，并留有发展用地。用地内设有网管中心大楼及裙房、动力中心、两栋高层住宅等建筑物。总平面设计功能分区明确，建筑布局合理，室外空间组织流畅，设计将众多建筑有机组合，创造出内外有别、闹静分离、联系密切、空间层次丰富、主体建筑突出、景象变化万千的整体和谐的建筑群。建筑造型注重群体的整体感，主从分明，相互依托，风格统一且变化丰富。建筑形象具有开放性，并与广场空间、城市道路相呼应、协调，曲直结合，使得网管中心方圆穿插、高低错落、气象万千。

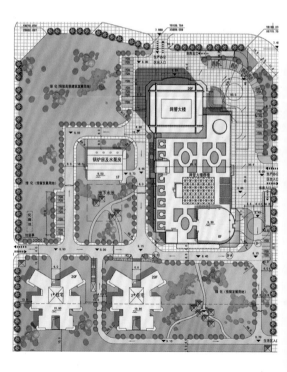

西安绿地中心 A 座

XI'AN GREENLAND CENTER BUILDING A

设计时间	2010 年（合作设计）
建成时间	2016 年
建筑面积	171 873 m²
建设地点	陕西省·西安市
项目获奖	2017 年陕西省优秀工程勘察设计一等奖
	2019 年全国优秀工程勘察设计行业奖三等奖
	2020 年中国建筑学会建筑设计奖公共建筑三等奖

　　西安绿地中心 A 座位于西安市高新技术产业开发区中央商务区，锦业路与丈八二路交会处。本项目是集甲级办公、高档商业等功能为一体的超高层综合建筑。场地内地下设有 3 层地下室，埋深 19 m。地上建筑分为南楼和北楼两栋建筑。南楼以 57 层 270 m 超高层甲级写字楼为主，其结构主屋面高度为 248.50 m。南楼设有 4 层商业裙房，裙房建筑高度为

21.30 m。北楼为 3 层商业楼，建筑高度为 13.80 m。

　　超高层建筑主体饰面以玻璃幕墙为主，裙房以干挂石材为主。建筑幕墙采用"锁甲式"构图肌理，灵感取自兵马俑之铠甲。在简洁的立面上，自 19 层设计的斜面切角一直延伸到塔冠顶部，整体塑造出具有水晶体意象的立面。结构体系为钢管混凝土框架＋伸臂桁架＋钢筋混凝土核心筒混合结构。

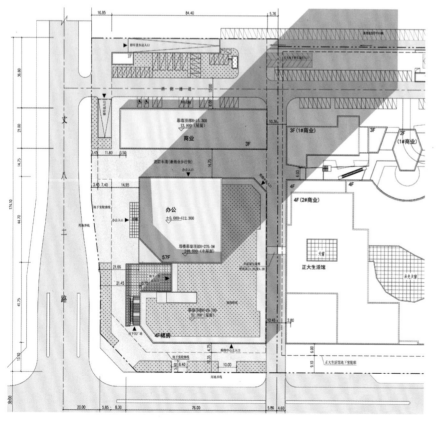

西安绿地中心 B 座

XI'AN GREENLAND CENTER BUILDING B

设计时间　2014 年（合作设计）
建成时间　2018 年
建筑面积　160 385 m²
建设地点　陕西省·西安市

　　西安绿地中心 B 座地处高新区锦业路和丈八二路交叉口，超高层建筑及其裙房主要功能为商业和办公，是开发区乃至整个西安市的标志性双塔超高层。超高层的整体造型以钻石晶体为原型，强调塔楼体形的硬朗美感和玻璃材质的璀璨质感，摒弃多余的装饰，只用简洁的建筑语汇展示 270 m 高建筑的完美比例和精致细部。

　　规划层面清晰流畅，办公界面沿丈八二路与 A 座相对，商业界面分布在锦业路和靠近公园一侧，形成与七克拉商业街贯通的商业动线。商业街尽头对应绿地中心 A 座主塔楼，使两块地空间互通。独立门厅外置主要商业界面，形成独门独户的分散式商业布局。

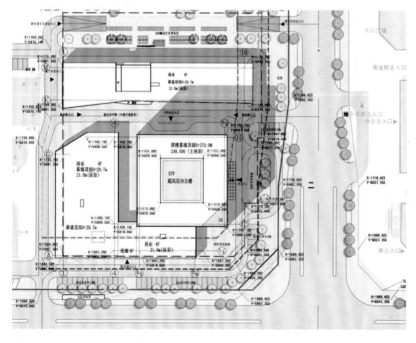

迈科商业中心

MAIKE COMMERCIAL CENTER

设计时间	2013 年（合作设计）
建成时间	2018 年
建筑面积	226 000 m²
建设地点	陕西省·西安市
项目获奖	2019 年全国优秀工程勘察设计行业奖三等奖
	2020 年陕西省优秀工程勘察设计奖一等奖

  西安迈科商业中心工程地处西安高新区中央商务区（CBD）内，位于丈八二路与锦业路十字交叉口东南角，是西北地区首座全钢结构超高层建筑，也是国内第一个采用钢管混凝土柱框架 + 钢中心支撑核心筒 + 连体钢桁架结构体系的项目。其由办公楼、酒店、桁架连廊 3 部分组成，总

建筑面积 22.6 万 m²。地下 4 层，主要功能为停车库、设备房。地上建筑面积 15 万 m²，其中君悦酒店 34 层，高度 153.7 m，办公区 45 层，建筑高度 207.2 m。其地上主要为办公室、接待室、会议室等，是集 5A 甲级写字楼、超五星级酒店、创意生活体验书屋 4 种业态于一体的高端办

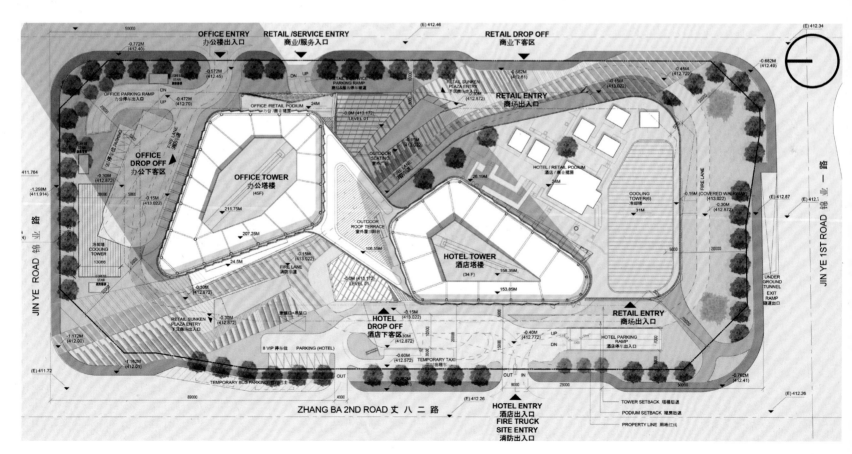

公楼及酒店。

总平面布置

　　基地东南侧是城市公园，西北和东侧是超高层建筑集中的中央商务区（CBD）。设计者通过一条对角线通道联系了城市中心区和城市公园，同时，这条通道也使得相邻的办公和酒店两大功能空间之间有了清晰的分界。设计通过精细的交通组织，协调解决了办公、商业、酒店的多种人流、车流的通行问题。

　　建筑设计使塔楼平面与城市路网形成一定角度，使得本项目相对于周边地块的方正塔楼而言，每层每个方向都拥有了更独特的良好的朝向和城市视野。

设计创新内容

　　进行建筑平面设计时，设计师采用多项生态可持续策略，利用计算机模拟，分析出夏季更多的热负荷集中于建筑的南向和西向，为此设计特别对建筑平面形状进行了调整。酒店大楼直接向南的面宽减少，使朝南的面呈三角形，尽量减少了夏季最大热负荷面的面宽。在西侧，由于酒店标准层的面积要求，导致西面很长，所以将该侧客房的深度缩减到5 m，以减少该朝向的客房数量，从而减少暖通与空调系统的负荷。与此同时，办公大楼的几个面也与热负荷最大的朝向形成一定角度，让西立面避开正面的日照。

绿地丝路全球文化中心

GREENLAND SILK ROAD GLOBAL CULTURAL CENTER

设计时间　2020 年（合作设计）
建成时间　2021 年
建筑面积　316 109 m²
建设地点　陕西省·西安市

　　绿地丝路全球文化中心和绿地丝路全球贸易港缘起西安国际港务区奥体中轴线，西侧毗邻西安奥体中心。绿地丝路全球文化中心位于中轴北侧，绿地丝路全球贸易港位于中轴南侧，南北呼应，构成奥体中轴线上的重要空间节点，形成和谐统一的城市空间关系。

　　绿地丝路全球文化中心地上部分由两栋 160 m 高超高层办公塔楼、一栋 100 m 高的高层公寓、多层商业裙房和商务会议中心组成，形成了两条室外商业湾谷。

绿地丝路全球贸易港

GREENLAND SILK ROAD GLOBAL TRADE PORT

设计时间　2021年（合作设计）
建成时间　在建
建筑面积　335 895 m²
建设地点　陕西省·西安市

绿地丝路全球贸易港项目计划打造集总部办公、五星级酒店集群、国际商贸、大型会展、高端公寓为一体的大型商业综合体，建成后将作为"一带一路"国家级进出口平台和金融中心，为全球企业提供商品贸易及供应链支持等一站式服务。

该项目地上部分由两栋160m高的超高层酒店、办公楼为核心，并配有100m高的公寓及其他多层裙房。用地内还规划有一栋贸易馆，形成一条完整的室外商业街区。

西安环球贸易中心

XI'AN GLOBAL TRADE CENTER

设计时间　2011 年
建成时间　在建
建筑面积　333 300 m²
建设地点　陕西省·西安市

　　西安环球贸易中心用地位于西安市未央路与凤城五路十字交叉口东南角，呈三角形，北临凤城五路，西临未央路。地块总用地面积 28 796 m²。规划用地性质为办公、商业金融、酒店，计划建设集甲级办公、星级酒店、大型商业为一体的综合性建筑群体。地上建筑面积约 26.78 万 m²，包括两栋超高层办公楼（1# 楼、2# 楼）、长庆阳光大厦及裙房高层商业部分。地下建筑面积约 6.55 万 m²，包括地下一层局部商业部分、地下车库及

设备用房等。项目将建设成全面满足中小型企业办公、城市高档酒店、大型商业服务、市场投资需求的现代化城市综合体，具备商务办公、商业服务、酒店居住、投资四大功能，并以产品创新、空间优化形成产品的核心竞争力。结合西安市地铁二号线凤城五路站出口，本项目被定位为区域领先的地铁上盖城市综合体。

延长科研中心

YANCHANG SCIENTIFIC RESEARCH CENTER

设计时间　　2013 年（合作设计）
建成时间　　2018 年
建筑面积　　217 619 m²
建设地点　　陕西省·西安市
项目获奖　　2020 年度陕西省优秀工程勘察设计奖一等奖

延长科研中心为公司总部科研办公楼，位于西安市高新技术产业开发区唐延路与科技八路十字交口东北角，是所在区域的标志性建筑之一。

本项目为超高层建筑，总用地面积为 3.16 万 m²，总建筑面积为 21.76 万 m²，工程总投资 22.62 亿元（概算）。本楼由弧形塔楼和矩形裙楼组成，塔楼为 46 层（高度为 195.45 m），裙楼为 5 层（高度为 23.45 m），地下 3 层。建筑工程等级为大型，为一类高层建筑，设计使用年限为 50 年，

耐火等级为一级，获得国家"二星级绿色建筑设计标识"证书。

本项目西侧采用弧形曲面造型，使面向唐延路的立面呈现出挺拔、流畅的形态，更好地呼应周边原有建筑，呈现出飘逸、俊朗的风格。建筑表面采用玻璃和铝板作为主要装饰材料。塔楼为钢管混凝土柱钢框架，采用钢筋混凝土核心筒混合结构；与塔楼相连接的裙楼部分为中心支撑，采用钢框架结构；其他裙楼部分采用剪力墙结构。

西安枫林九溪东区 D 地块项目

XI'AN FENGLINJIUXI EAST PLOT D PROJECT

设计时间　2020 年（合作设计）
建成时间　2021 年
建筑面积　196 497 m²
建设地点　陕西省·西安市

西安枫林九溪东区综合体位于港务区的西南侧，紧临灞河，北为体育中心、全运村，与周边华润、绿城等携手发展共同助力打造西安国际港务区，助力其从"开发区"到"城市新中心"的跨越式发展，并为西安市承办第十四届全国运动会增光添彩。

项目集商业、办公、酒店、公寓及养老多业态于一体，充分利用面向灞河及奥体中心的展示面，以 160 m 高的超高层建筑为中心，4 栋塔楼错落布局，让景观资源最大化的同时，重塑城市天际线，打造出生态化、多元化的门户。

设计从西安独特的历史文化兵马俑中汲取灵感，以"铠甲"为概念，塑造出融合历史底蕴与现代气息的城市地标。主塔楼的立面设计将"勇于进取、意气风发"之意融入其中，以深浅两色的金属幕墙单元交替错位抽象化地模拟铠甲的拼接方式，刻画出兵马俑"铠甲"的细节神韵。

西安安达仕酒店

XI'AN ANDAZ HOTEL

设计时间　2018 年（合作设计）
建成时间　在建
建筑面积　110 450 m²
建设地点　陕西省 · 西安市

西安安达仕酒店位于西安市高新区锦业路片区，主要功能为五星级酒店及酒店配套服务设施，主体建筑有 50 层，高约 230 m。以独特的进退体量造型以及单元式幕墙体系的立面形态，安达仕酒店未来必将成为锦业路区域城市天际线的一抹亮色，也是西安特色建筑发展的新代表。

酒店设计创造了新的都市生活空间，为不同年龄的访客群体提供了多元化的吸引力。设计的核心理念是打造一个都市会客厅，在这里，不同城市活动在一个三维框架中展开。此酒店是一个浓缩了当代城市奇景的文化机器，是一个充满了活力和惊喜体验的欢乐殿堂，也是一个待新生代去探索的未来游乐场。

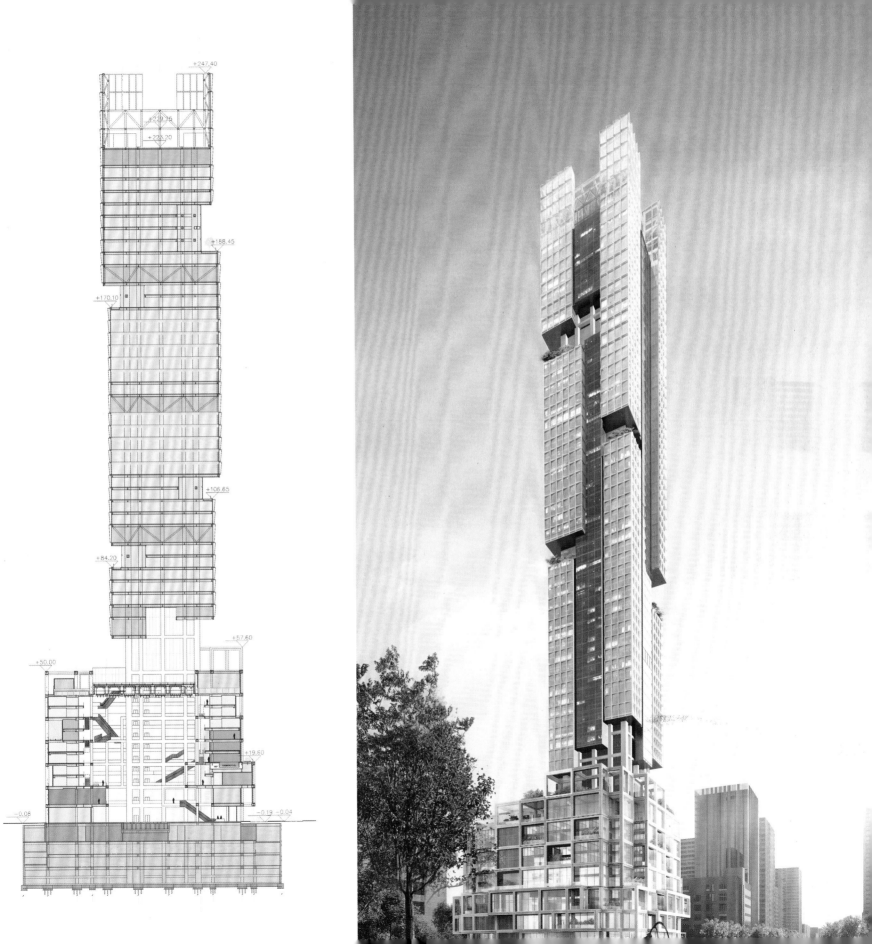

西安丝路天际项目

XI'AN SILK ROAD SKYLINE PROJECT

设计时间　2021 年（合作设计）
建成时间　在建
建筑面积　355 548 m²
建设地点　陕西省·西安市

西安丝路天际项目位于西安城市发展轴上；沿长安南路的长安龙脉南接秦岭终南山，中承西安历史轴线，北至大地原点，延伸至唐陵，传承大西安历史脉络。方案将长安古城的城市格网融入立面分形中，打造三维立体的城市肌理；同时立面元素中渐变的横向飘板与大雁塔的形式相呼应。塔楼高度沿长安南路高、低、中布置，结合错落有致的塔冠造型，形成丰富的城市天际线。

项目总建筑面积 355 548 m²，其中地上建筑面积 281 309 m²，地下建筑面积 74 239 m²，地上停车位 16 个，地下停车位 1 561 个。

项目由 3 栋超高层塔楼、裙房以及 4 层地下车库组成。3 栋超高层塔楼业态主要为公寓，靠近地块东侧布置。裙房主要业态为商业。

商业街区采用多首层漫步式主题文化，充分利用北侧市政绿地创造宜人的绿色空间，建筑与景观互融互动，打造出有机融合的"都市绿洲"。

国际科创商务中心

INTERNATIONAL SCIENCE AND INNOVATION BUSINESS CENTER

设计时间　2017 年
建成时间　2022 年
建筑面积　192 802 m²
建设地点　陕西省·西安市

　　国际科创商务中心地处大西安南北新轴线与钟楼东西传统轴线的交会地带，是传统与创新交会、当下与未来共荣的重要节点。高层办公楼的设计旨在打造 Co-Live（共生）时代的优质办公空间：我们希望每一位使用者在工作、生活、社交、消费之间自由转换时，只需要一杯咖啡的距离。这里将成为一个有深度、有态度、有温度的办公生活社区，一个"CO-WORK+CO-LIVE+CO-JOY"的创新生态圈。它将成为完善城市空间框架、实现城市形象目标、提升城市品质的理想新空间，并创造具有国际化发展水平和建设质量的新高度，体现示范意义；搭建具有"活力、健康、智慧、绿色"等理念的全新平台，增强城市人气和吸引力；实现幸福城市的宜居、宜业、宜游等目标价值，营造魅力中心。项目功能布局遵循"豪布斯卡"原则，体现了商业配套和办公生活服务双轨模式的与时俱进，是整

体布局完善、功能特色明显、分散化、多样化、多层次的现代服务业集聚区。

　　项目从周边城市设计及既有建筑城市肌理出发，采取了最适合群体建筑形象的 W 形布局方式。塔楼南北错落分布，协调统一的同时又富有律动感。5 栋塔楼中的 4 栋办公塔楼建筑立面风格一致，相互呼应，形成组群，酒店塔楼建筑立面自成一格，突出酒店形象。对于办公塔楼，设计团队以建筑艺术品的高度精心打造建筑的每个细节，高品质的全玻璃幕墙外立面在保证节能环保的前提下，通过多层次 LED 实现整体外立面色彩、形式的灵活切换，呈现出绚丽动感的建筑夜景，交织形成精彩的城市律动和节奏。办公楼层转角处通过抽角柱手法，结合大面积落地玻璃幕墙打造出 270° 全景办公空间，视野开阔，周边中央商务区与公园景观可尽收眼底，为入驻企业打造出张弛有度、轻松愉悦的办公氛围。

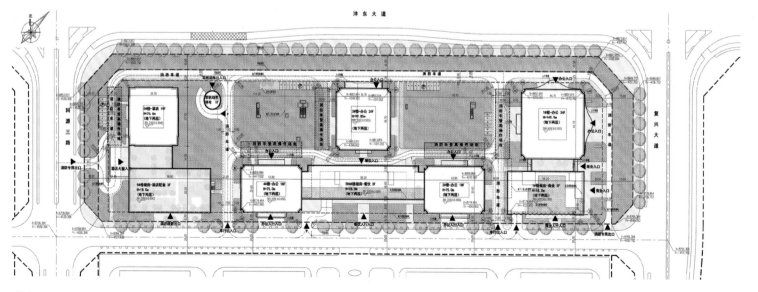

城市更新、城市规划与景观设计
URBAN RENEWAL, URBAN PLANNING AND LANDSCAPE DESIGN

西安钟鼓楼广场

XIAXI'AN BELL AND DRUM TOWER SQUARE

设计时间   1995 年
建成时间   1998 年
建筑面积   44 300 m²
建设地点   陕西省·西安市
项目获奖   2000 年建设部优秀规划二等奖
                2009 年中国建筑学会新中国成立 60 周年建筑创作大奖入围奖
                2019 年入选第四批中国 20 世纪建筑遗产项目

西安钟鼓楼广场是一项通过城市设计实现古迹保护与旧城更新的综合性工程，包括绿化广场、下沉式广场、下沉式商业街、地下商城及商业建筑。设计力求最大限度地展现钟楼、鼓楼这两座 14 世纪古建筑的形象，使其历史内涵与地方特色得以充分发挥。整体构思沿着"晨钟暮鼓"这一主题向古今双向延伸，设计汲取中国大型园林划分景区、组织景观、成景得景的经验和手法，同时对中国传统组景经验与现代城市外部空间理论进行结合和演绎，创造出地上、地下、室内、室外融为一体的立体的城市开放空间。

西安南门广场综合提升改造项目

XI'AN SOUTH-GATE SQUARE IMPROVEMENT PROJECT

设计时间　2012 年
建成时间　2014 年
建筑面积　70 000 m²
建设地点　陕西省·西安市
项目获奖　2015 年陕西省优秀城乡规划设计二等奖
　　　　　2015 年中国威海国际建筑设计大奖赛铜奖
　　　　　2017—2018 年度中国建筑学会建筑设计金奖
　　　　　2019 年全国优秀工程勘察设计行业奖一等奖
　　　　　2020 年度陕西省优秀工程勘察设计奖一等奖

西安南门广场位于西安中轴线中段。设计在保护现状文物资源、提升区域环境品质、重塑历史风貌的前提下，补充完善南门服务配套设施（包括商业设施、地下车库、管理用房、游客服务设施等）；整合景观系统，梳理内外各向车行、步行、轨道交通流线。

用地被划分为若干地块。外广场主要建设一个有 500 个车位的地下公共停车场；地面通过一系列广场、御道、吊桥、绿化限定，以空间的起承转合烘托出南门标志性形象，并满足入城迎宾的演艺需求。另修建 2 条东西向横穿广场的地下通道，联系起松园、苗园及中央广场。

本项目在保持古城风貌前提下优化公共资源和旅游资源；统筹南门广场景观系统，提升区域环境品质；完善城、墙、林、河四位一体的绿地系统；重塑古都历史风貌，协调整合建筑风貌；补充和完善南门景区服务配套设施，增加商业、游乐、服务、交通等基础设施；梳理南门区域城内外各方向车行、步行、轨道交通流线，使城市空间便捷可达；在重组区域城市地下管网系统的前提下，合理利用地下空间，并附加诸多市政功能。

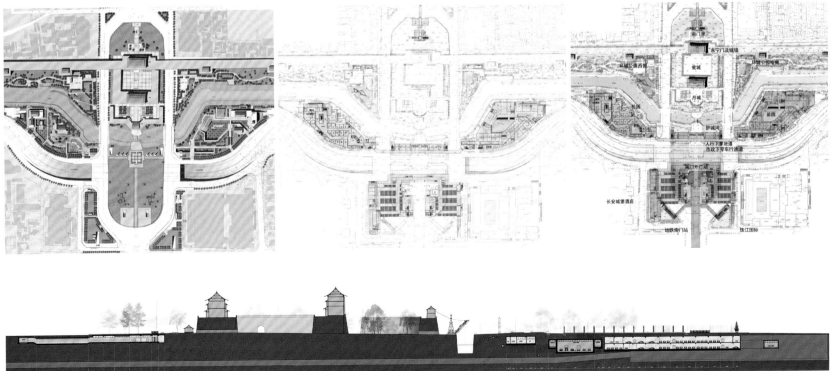

西安市幸福林带建设工程

XI'AN XINGFU GREEN BELT CONSTRUCTION PROJECT

设计时间　2016 年
建成时间　2021 年
建筑面积　678 310 m²
建设地点　陕西省·西安市
项目获奖　2020 年全过程工程咨询服务十佳案例
　　　　　2020 年三星级绿色建筑设计标识证书和德国 DGNB 铂金级预认证

　　西安幸福林带地上配套及地下空间建设项目东起幸福路，西至万寿路，北起华清路，南至新兴南路，全长 5.85 km，平均宽度 210 m（包含管廊、地铁），地下空间宽度为 140 m，占地面积 75.64 万 m²，是西安生态绿地系统的重要组成部分。项目定位为全市重要的市政、生态、民生工程。

　　项目充分利用地下空间资源，推动城市由外延式扩张向内涵式提升转变，是城市地下空间开发集约利用的发展典范。地下空间建筑夹在地铁八号线及两条城市管廊中间，地下有两层，地面以上局部 1 层。地下

二层为停车库及部分人防工程（人防工程面积为 16 100 m²），地下一层为综合公共服务配套（商业）、冰球馆、游泳馆、篮球馆、电影院、健身房、图书馆，文化馆、创意市集及非遗中心（两馆一中心）超市、公共服务配套（餐饮）等。

幸福林带将森林引入城市，是改善城东环境的生态屏障，打造"林在城中、城在林中、城林一体"的生态示范区，让绿色发展成为区域的主基调。项目由一条连绵起伏的"金丝带"贯穿始终，生态主线和文化脉络串联互动，以"运动、休闲、娱乐"为主题，划分为"动之谷""森之谷""乐之谷"三大主题园区，彰显不同特色，打造出集生态、文化为一体的休闲长廊，有效修复了区域生态，重塑了城市形象。

项目充分利用地下空间资源，开发面积达 80 万 m²，项目全段设计23 个下沉广场，34 个"雨滴"，平均每 100 m 有一个开放空间，与地面主题景观有机串联构成互通融合的立体空间；通过下沉广场和"雨滴"，打破地下空间压抑、逼仄的环境氛围，将阳光、空气、绿色引入地下，打造地上地下双氧吧。

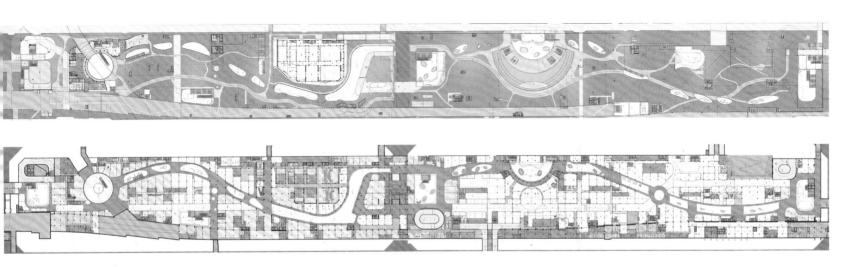

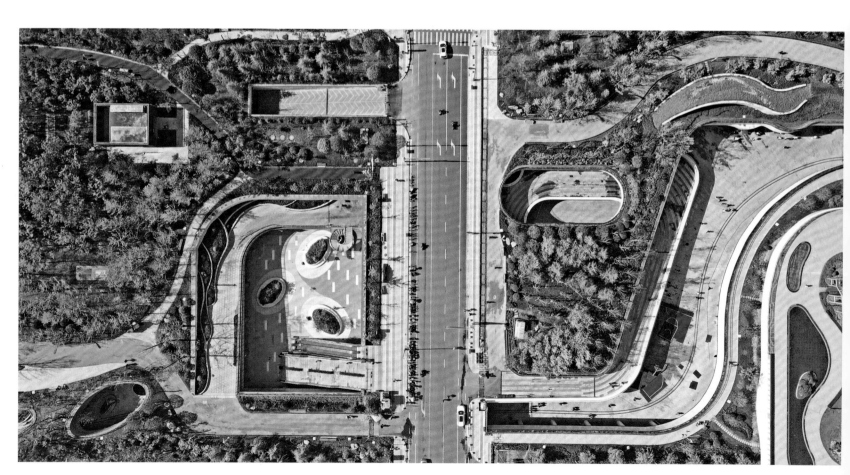

西安大华纱厂厂房及生产辅助房改造工程

RECONSTRUCTION OF PLANT BUILDING AND AUXILIARY BUILDING OF XI'AN DAHUA COTTON MILL

设计时间　2011 年（合作设计）
建成时间　2014 年
建筑面积　100 000 m²
建设地点　陕西省·西安市
项目获奖　2017 年全国优秀工程勘察设计行业奖一等奖
　　　　　2017 年陕西省优秀工程勘察设计一等奖
　　　　　2017—2018 年度中国建筑学会建筑设计银奖

西安大华纱厂改造项目位于太华南路，大明宫遗址公园东侧。前身为始建于 1935 年的民族资本主义企业，占地约 11.67 万 m²，现状建筑面积约为 10 万 m²。该项目拟通过对原有老厂房的改造，建成融合美食、文化、娱乐、购物等承载市民综合消费的跨界文化商业社区。

厂区内的厂房建成时间从 20 世纪 30 年代到 90 年代不等，建筑尺度和结构类型较为多样、复杂。改造中，设计团队根据现状建筑的规模、尺度、位置、空间状态，在各部分区域内布置相应的功能，在保证分区明确的基础上实现各功能之间的交叉混合。厂区南侧以 20 世纪 30 年代建的单层建筑为主，故利用小的空间尺度和历史氛围，设置以餐饮、酒吧及会所为主的院落建筑。东南角原有锅炉房及相关构筑物，设计结合现有的开敞空间，形成以艺术中心、画廊为核心的都市艺术区。厂区北侧以不同年代的单层或二层生产厂房为主，厂房屋顶多采用锯齿形天窗，改造时以商业功能为主，并结合部分文化、休闲及辅助功能实现混合布局。建筑单体包括临太华南路的大型商业综合体、商业品牌旗舰店、立体停车库，它们结合南区建筑群共同构成餐饮休闲步行街、创意商业街，及厂区东侧的纺织主体博物馆、试验小剧场和文化商店、文化艺术街区等。建筑造型的设计采用谨慎的加法策略，对原有建筑以清理和修缮为主，即保留原有的具有时代及功能特征的锯齿形厂房屋面及砖墙面，配合新的建筑材料和做法对老建筑进行补充，赋予其多样化的使用功能，将整个区域梳理成适合人们倘徉其中的、具有历史感的商业步行街区。

陕西蒲城槐院里历史文化街区一期风貌及重要节点规划设计

PLANNING AND DESIGN OF HUAIYUANLI HISTORICAL AND CULTURAL BLOCK PHASE I IN PUCHENG, SHAANXI

设计时间　2016 年
建成时间　在建
建筑面积　21 200 m²
建设地点　陕西省 · 渭南市
项目获奖　2019 年陕西省优秀城乡规划设计奖二等奖

　　陕西蒲城槐院里历史文化街区项目的规划设计，结合设计团队对关中传统民居建筑和"东府"院落特征的调研、研究，力求在当地历史遗存中寻找"原型"，充分展示基本特征、元素的同时，结合当代功能赋予建筑新的功能，重新整合空间形式，形成历史街区整体风貌。

　　本项目在以下 3 方面进行了有益的探索。

　　（1）对传统关中民居特色进行研究与设计。

　　（2）在保留、保护原有建筑的基础上进行改造，在传统街区中补充具有民居特色的绿色开放空间以改善、提升街区的环境。

　　（3）在空间中融入雕塑，注重入口空间的景观设计，形成历史街区与当今城市的有机融合。

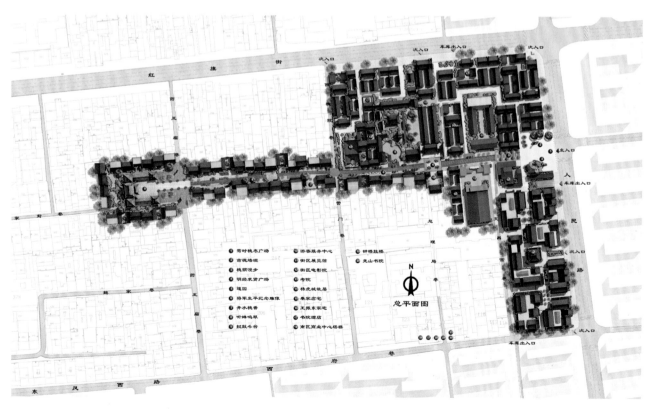

圣地河谷金延安

GOLD YAN'AN OF HOLY LAND VALLEY

设计时间　　2013 年
建成时间　　2014 年
建筑面积　　882 630 m²
建设地点　　陕西省·延安市
项目获奖　　2020 年陕西省优秀工程勘察设计奖一等奖

　　圣地河谷金延安板块位于距老延安城约 4 km 的北部，占地面积约 1 km²。金延安一期项目约 30 万 m²，已建成的为钟鼓楼、西街、南街地块。在圣地河谷项目用地内，延河、包茂高速、206 国道和连接新区的圣地大道从长约千米的峡谷穿越，地形复杂又相当狭小。金延安尊重现有地形，利用延河防洪堤形成金延安的城墙，采用自然形成的高差创造性地建立了"人车分流"的立体城市概念；通过街道和马路的不同标高，使金延安在满足现代舒适的情况下形成一个可完全步行的城市街区；建立了街、巷、路不同的交通体系，形成多层次、多形态、丰富的空间形态，体现出陕北建筑的地域特色。

西汉三遗址历史文化街区概念规划设计

HISTORICAL AND CULTURAL BLOCKS PLANNING OF THREE THE WESTERN HAN DYNASTY RUINS

设计时间　2017 年
建成时间　在建
规划面积　34.96 hm²
建设地点　陕西省·汉中市

　　项目位于陕西省汉中市汉台区。西汉三遗址历史文化街区内保留有汉中城市各个发展时期的空间样本，包含拜将坛、饮马池、古汉台 3 项历史文化遗存。街区内传统街巷的尺度、氛围与居民的生活方式相生相伴，是老汉中值得留存的城市记忆。

　　本设计依据《汉中市西汉三遗址历史文化街区保护规划》，采取渐进式、动态更新的设计策略和路径，期望守护历史文化瑰宝，重现汉中古迹风貌，挖掘地域文化特质，提升环境氛围品质，并提出了"老城复兴、文化重塑"的发展目标。

本项目将西汉三遗址历史文化街区建设成一个立足于当地的城市文化展示区，使其既是汉中城市发展的活化石，也是城市记忆的博物馆。在更新策略上，保留70%以上的原有建筑，将这一区域作为汉中全历史周期的展示区，同时保留60%以上的原住民，打造服务汉中全年龄阶层的生活区。

对于建筑，设计团队采取分类保护更新的策略，通过调研分类，完成民居修复和活态保护的目标，赋予老建筑以新生；对于现代建筑进行分类改造，区分为单位大院、老旧小区，基本囊括基地内保留改造的建筑和地段，同时通过节点空间的改造提升街区整体环境品质。

西安市民中心（原张家堡广场）城市设计研究

RESEARCH ON URBAN DESIGN OF XI'AN CITIZEN CENTER (THE ORIGINEL ZHANGJIABAO SQUARE)

设计时间 2018 年
建成时间 在建
规划面积 111 hm²
建设地点 陕西省 · 西安市
项目获奖 2019 年陕西省优秀城乡规划设计奖二等奖

西安市民中心选址于原张家堡广场。本项目是一个基于城市现状的综合提升改造项目。规划设计结合现有城市问题，通过抬升架空广场连接东西城市空间。广场从上部跨越车行道路，重建城市漫步公园，推动区域融合；塑造城市南北轴线，重塑历史文化场所，建立文化长廊。项目全面开发地下空间，完善、重组城市配套功能，形成集市民中心、文体中心、商务中心为一体的"三中心体系"，打造立体城市范本；在南北两端植入新钟楼及 3100 年建城纪念碑，创造城市地标，延续东西空间，塑造城市丰碑，打造以人为本的宜人环境，释放城市活力。

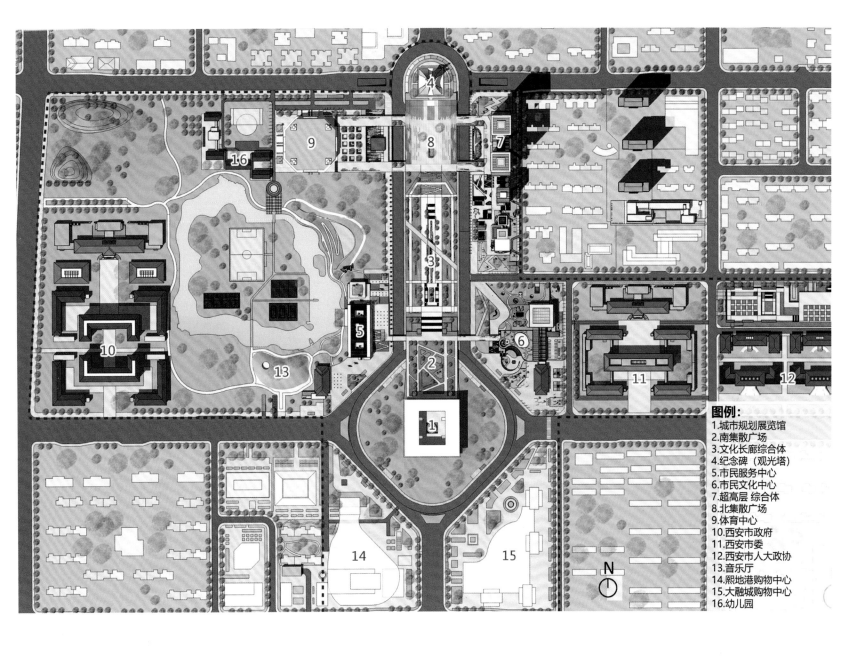

图例:
1. 城市规划展览馆
2. 南集散广场
3. 文化长廊综合体
4. 纪念碑（观光塔）
5. 市民服务中心
6. 市民文化中心
7. 超高层 综合体
8. 北集散广场
9. 体育中心
10. 西安市政府
11. 西安市委
12. 西安市人大政协
13. 音乐厅
14. 熙地港购物中心
15. 大融城购物中心
16. 幼儿园

N

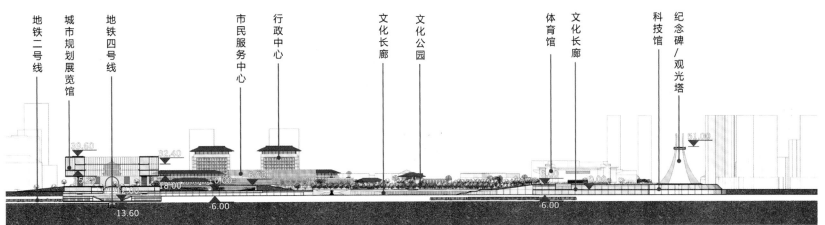

地铁二号线　城市规划展览馆　地铁四号线　市民服务中心　行政中心　文化长廊　文化公园　体育馆　文化长廊　科技馆　纪念碑／观光塔

西安全运新城城市设计

URBAN DESIGN OF XI'AN QUANYUN NEW TOWN

设 计 时 间　2019 年
建 成 时 间　2021 年
建 设 地 点　陕西省·西安市

2020 年初，西安奥体中心核心区域概念规划及重点建筑方案设计
国际设计竞赛举办，最终中建西北院在竞赛中脱颖而出，其方案被定为
实施方案。本项目的四大重点建筑分别是长安云——西安城市展示中
心，长安乐——西安文化交流中心，长安书院——西安文化艺术中心，长
安谷——西安国际港务区中央公园。它们与奥体中心形成了长达 5 km
的城市绿洲，从灞河延伸到秦岭余脉骊山，共同组成了大西安的新时代
城市基调。

这四大建筑都是新城重要的城市配套项目，规模巨大，位置显要。作
为全运新城文化艺术中心、城市展示中心、图书馆和美术馆，TOD（公
共交通导向）枢纽，这四大项目分别位于奥体中心的东南西北，西枕灞
水之滨，东眺骊山薄雾。这一文化巨构已不是简单的建筑单体，而是一
组组群建筑、一座微城市。

西安国际港务区中轴生态公园一期项目

XI'AN INTERNATIONAL TRADE & LOGISTICS PARK CENTRAL AXIS ECOLOGICAL PARK PHASE I PROJECT

设计时间　2019 年
建成时间　2021 年
建筑面积　110 500 m²
建设地点　陕西省·西安市

西安国际港务区中轴生态公园一期工程——"长安谷"项目坐落于第十四届全运会主会场东侧,是一条东西向的大型城市绿带。用地东西长 2.8 km,南北宽 290 m,总占地面积 49.2 万 m²,其中公园用地 45.24 万 m²,建筑用地 3.96 万 m²,建筑面积 7.25 万 m²,人行桥面积 3.8 万 m²。

项目西接灞河,东望骊山,是灞河绿带与港务大道城市绿带之间的连接体。设计将"蓝绿交织、引绿入城"的生态城市设计理念与垂直生长的立体建筑空间结合,打造出一片城市中的"丝路绿谷"——长安谷。

这个项目并不是一个建筑单体的设计,而是由建筑师主导、从城市角度出发,集规划、交通、建筑、景观于一体的综合片区设计。"长安谷"需

要承载起城市公共交通及周边不同地块之间的连接功能,将两条地铁在空中、地下两个空间层面相连通。

位于核心区的空中市民广场是利用原有的地铁三号线空中轨道与地面城市主干道之间的空间设计而成,它将周边建筑的二层室外平台互相连接,同时直接通向地铁三号线的空中候车厅。位于空中市民广场中心的陆港之芯是整个长安谷的视觉核心,同时也是整个区域的地标。其半透明的红色表皮、纯木质的结构体系带给人温暖、亲切的心理感受。

公园、建筑、平台、广场、人行桥融为一个有机的整体。"长安谷"不是一座建筑、一个公园或一座桥,而是一片能为人带来丰富空间体验的城市绿洲,它也会因为人们的参与而变得更生动、鲜活。

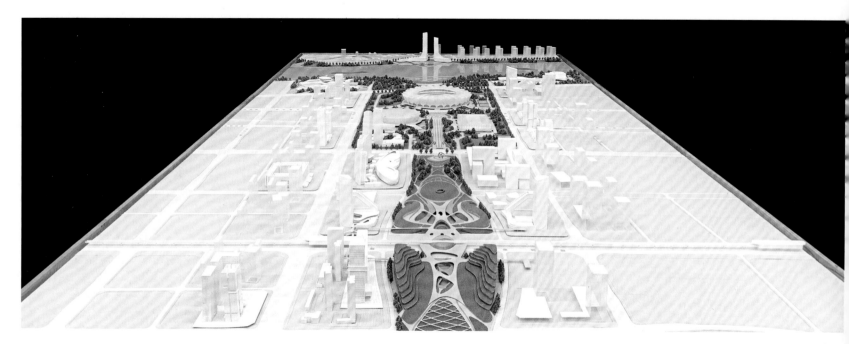

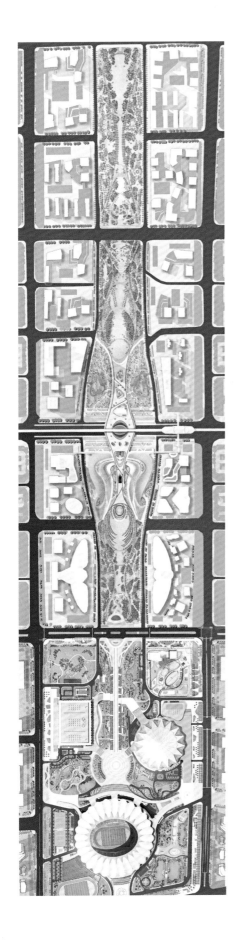

崇礼太子城冰雪小镇

CHONGLI TAIZICHENG ICE TOWN

设计时间　2017 年
用地面积　15.9 hm²
建筑面积　214 500 m²
建设地点　河北省·张家口市
项目获奖　太子城冰雪小镇竞赛优胜奖

　　本项目以冬奥会为契机，将冰雪小镇打造成为以产业"特而强"、功能"聚而合"、形态"小而美"、机制"新而活"的特色小镇，也为其赛后的持续使用打下良好的空间基础。

　　方案设计从场地出发，考虑两条主要轴线关系。

　　（1）太子城遗址内主要建筑所形成的轴线与北侧、南侧山峰形成对应关系。

　　（2）西侧山峰、高铁站、塔、东侧山峰形成对应关系。

　　其他山峰连线交错于项目用地内，形成与"北斗七星"的对应关系，并形成如下的规划结构。

　　一心在中，吐纳四海皆通流。双轴交映，纵横古今俱共生。

　　五坊相礼，四季山水竞辉映。七星连珠，天地人合于无穷。

苏州市西百花巷 4 号改造

RECONSTRUCTION OF NO. 4, XIBAIHUA ALLEY, SUZHOU

设计时间　2021 年
建成时间　在建
建筑面积　5 600 m²
建设地点　江苏省·苏州市
项目获奖　苏州古城复兴建筑设计工作营第一名

本设计在苏州老城传统肌理的背景下，旨在创造弹性空间，形成无限可能，以应对场所中不断的变化；通过织补的策略，在连接场地路径的同时，也连接人和生活，形成丰富的场所体验，展示有价值的场所及生活；通过整合功能、空间、流线，聚焦文化，引入多元业态，用慢更新的方式营造暖空间系列，传播文化，使人们回归本真生活。场地内部局部架空，连接、整合城市散点资源，形成通、达、透的首层动线；通过构建邻里平台、屋顶露台、生活舞台 3 个层次，搭建多元生活平台，形成双首层多维立体流线，拓展屋面空间，形成可持续的有机生活圈；重新组织山墙立面及屋面，创造出重要的交通组织及观景空间，汇聚人群，打造开放型、可持续的、公益性的文创新地标。

西咸能源金贸区中央公园及地下空间综合开发

COMPREHENSIVE DEVELOPMENT OF CENTRAL PARK AND UNDERGROUND SPACE OF XIXIAN ENERGY FINANCE AND TRADE ZONE

设计时间　2018 年
建成时间　在建
建筑面积　115 617 m²
建设地点　陕西省·西安市

项目北起西咸大厦，南至丰产路，东起沣泾大道，西至河堤路，规划占地面积 14.14 万 m²，并被金融一路、金融三路、金融四路分割为 4 个地块，沿东西向呈带状展开。

本项目的主要建设内容包括地上景观、地上配套工程及地下空间开发工程，地上主要为 2 层。地下空间被整体开发，建设 2 层地下车库，规

划 2 783 个停车位，其中补足起步区 1 860 辆停车位。各地块通过位于负一层的 8 m 宽的车行道连通，使各区域地下车位错时共享。

中央公园所代表的东西绿廊与南北绿廊横纵交织、遵循"以人为本"的指导思想，以商务休闲为主要功能，形成文化、生态、运动、休闲、商务五位一体的新型公园模式。公园由东向西分为迎宾之门、文化体验、运

动休闲、自然风致四大功能区。公园结合诗经文化打造 8 个主要的景观节点并重点打造东西入口和市民广场。

文化体验中心二层平台通过天桥与从中央商务区起步的二层步行系充相连，跨越金融一路、金融四路以地下通道连通，跨越金融三路通过

地上连桥联系，实现园区无障碍通行。

项目围绕本土文化特色，营造出"山、水、林共生"的园林城市格局，在城市中央商务区致力打造具有诗经古韵的恬然之境，助力西咸新区建设成全国生态示范区。

沣西新城翱翔小镇城市设计

URBAN DESIGN OF AOXIANG TOWN IN FENGXI NEW TOWN

设计时间　2017 年
建筑面积　115 617 m²
建设地点　陕西省·西安市

　　项目位于西咸新区沣西新城，总体规划结合翡翠城市及 TOD（以公共交通为导向）模式的发展规律。城市设计以超高层建筑群为主要的城市风貌，通过控制天际线形态来、加强城市入户形象的塑造。不同地块采取不同的设计风格及建筑立面，同时通过空中连廊贯通地块，强调地块之间与周边场地的联通；以多样化的商业业态形成各具特色的街区，凝聚组团，辐射周边场地，与周边城市景点联系，塑造城市地标。

大明宫国家遗址公园周边城市设计

URBAN DESIGN OF DAMING PALACE NATIONAL HERITAGE PARK NEIGHBOURING REGIONS

设计时间　2014 年
建筑面积　4 020 450 m²
建设地点　陕西省 · 西安市

唐大明宫始建于唐贞观八年（634 年），毁于唐天佑元年（905 年），为唐长安城中的政治文化中心。大明宫是唐长安城中最为辉煌壮丽的建筑群，地处长安城北部的龙首原上，主要有含元殿、麟德殿、三清殿、清思殿、宣政殿和紫宸殿等宫殿遗址。大明宫在总体布局、建筑艺术、建造技术等方面的高度成就使其成为中国乃至东亚地区宫殿建筑的巅峰之作，于 2014 年入选《世界遗产名录》。

本项目周边包括世界文化遗产唐大明宫国家遗址公园、西安铁路枢纽最重要的节点——西安站、明城墙商贸区等重要的城市节点。在唐皇城复兴规划中，用地所在的位置是大明宫核心区域的一部分，是盛唐文化主轴的关键点，区域价值突出。本规划基于《大明宫遗址缓冲区建设高度控制专项规划》提出细化方案，用城市设计的手法解决大明宫周边遗址缓冲区的城市形态和风貌协调问题，在保护大明宫遗址的前提下，寻求整合城市空间环境、优化相关配套系统的方向；以实现"宫站城一体化"为最终目标，将该区域的发展契机导入可持续的良性发展循环中。大明宫区域作为西安市发展的重点，既承载了盛唐的厚重记忆，又肩负了塑造城市性格、复兴民族自尊的重任，任重道远。

西安城市运动公园景观改造提升项目

XI'AN CITY SPORTS PARK LANDSCAPE IMPROVEMENT PROJECT

设计时间　2020 年
建成时间　2021 年
建筑面积　336 000 m²
建设地点　陕西省·西安市

2006 年以西安行政组团北迁为契机，诞生的西安城市运动公园位于西安龙首以北的凤城高地。其紧临西安市政府，是西安城北首个，也是迄今为止唯一一个水绿环园的生态型运动主题公园。随着北城城市化建设的加快，以 2021 年西安举办的第十四届全国运动会为契机，设计团队对城市运动公园进行了一次探索式的更新。

在改造提升中，设计团队首先提出的原则是对于已使用 15 年的运动功能属性基底及生境组团布局不做过多的干扰，使市民参与的体验记忆得以延续；尝试通过"针灸"的方式，以点带面，结合现今全生命周期对于生活及运动的诉求，针对四大入口、各大节点及部分老旧设施进行更新改造，保留生态基底，焕醒自然活力，使整体公园区域二次复苏。

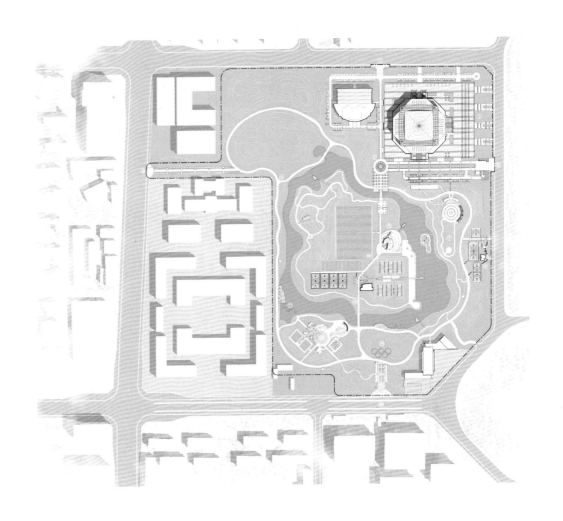

形象界面重塑（东入口、南入口）

入口区域一直以来都是运动公园的主要门户和内部交通的枢纽点。在本次更新过程中，通过更新现状水景，引入长安十二时辰和时钟的概念，使场地运动属性的时针随光转动，生生不息，加强场地的序列感和秩序性。

生态调养（清淤）

公园的自然水系经过了 15 年的自然涵养，因部分基础设施老化导致水质不良，淤积严重，水体修复迫在眉睫。更新目标是从水质净化、水生态修复、底泥整治 3 个层面入手，促进水系的生态性；基于自然的解决方案，提高水体的流动性，恢复水体的生态基底，实现蓝绿空间的自然过渡和无界交融。

活力激活（滑轮场、跑道）

滑轮场原设施老旧，在梳理场地空间后，对基础设施进行大面积更新，增补与场地相呼应的构筑物——折所曲廊，在满足遮阴功能的同时，激活场地活力。

对于跑道的更新，在分析使用人群的活动诉求上，重新梳理环湖跑道功能，打破传统单一、线性的跑道构图，载入多样功能的跑道空间，重组功能，丰富色彩，提升活力。

场地更新（篮球场）

在篮球场区域，本次设计拒绝快餐式的功能更新，而是把激活运动需求和活力潜能作为出发点，以缤纷的地面色彩搭配和具有艺术造型感的周边围网，营造出一种自由的运动气质。

西安奥体中心项目景观优化深化设计

OPTIMIZATION AND DETAILED DESIGN OF THE LANDSCAPE OF XI'AN OLYMPIC SPORTS CENTER PROJECT

设计时间　2018 年
建成时间　2021 年
建筑面积　575 000 m²
建设地点　陕西省 · 西安市

　　西安奥体中心位于西安市国际港务区，设计团队以"森林公园 + 体育中心"的设计定位和"生态为底、以人为本"的设计策略，打造了一个开放多元的城市空间。基地在空间结构上契合了城市轴线，以中轴为主导，横贯东西，形成古城文化背景下特有的空间仪式感。本项目以森林公园为整体基调，继承区域格局中山水的对话关系，衔接灞水，融于山、水、城之中，形成水体、公园、城市一脉相承、层层递进的景观序列，也奠定了城市轴线"城绿相融"的基调。

城市脉络：山水格局的再强化

在城市空间层面，以基地为始的奥体绿色生长轴是城市发展中心带；在自然景观层面，基地是连接山河、引导生态格局的城市景观通廊。因此，基地在空间结构上契合了城市轴线，形成了起、承、延、合的空间序列。

流动意态：丝路意蕴的新赋能

在场地的中轴基础上，"丝路"这一区域文化线索被表达在场地之中。流动的形态组织起空间节点及功能性场地，形成景观动线，也形成慢行与运动环线。

粹炼攒合：场所文化的标识性

作为第十四届全国运动会主园区，"西安""体育"两大要素以铺装表达，盛世之印广场的石榴花、北入口的五环标志凸显场所文化。

场地激活：多重功能的复合场

西安奥体中心园区不仅仅作为赛时"体育中心"，亦承载了赛后运动、休闲、生态等多重属性。景观设计兼顾考虑了赛后的使用场景，营造出一个复合的、弹性化的公共空间。

附录

70 年经典作品一览
LIST OF CLASSIC CREATION PAST 70 YEARS

西安人民大厦
设计 1952 年 / 竣工 1953 年

西安市委礼堂
设计 1952 年 / 竣工 1953 年

西安人民剧院
设计 1953 年 / 竣工 1954 年

陕西省建筑工程局办公大楼
设计 1953 年 / 竣工 1954 年

西安兴庆宫公园
设计 1958 年 / 竣工 1958 年

西安邮政局大楼
设计 1958 年 / 竣工 1960 年

华清池九龙汤及御汤遗址博物馆

设计 1959 年（九龙汤），1990 年（御汤）/ 竣工 1959 年（九龙汤），1990 年（御汤）

喀麦隆文化宫

设计 1974 年 / 竣工 1981 年

国家图书馆

合作设计 1975 年 / 竣工 1987 年

中国矿业学院

设计 1978 年 / 竣工 1984 年

陕西省人民政府办公楼

设计 1983 年 / 竣工 1988 年

西安火车站

设计 1983 年 / 竣工 1989 年

陕西历史博物馆

设计 1983 年 / 竣工 1991 年

大雁塔风景区"三唐工程"

设计 1984 年 / 竣工 1988 年

唐乐宫
合作设计 1987 年 / 竣工 1989 年

古都大酒店
合作设计 1987 年 / 竣工 1989 年

建国饭店
合作设计 1987 年 / 竣工 1989 年

法门寺工程
设计 1988 年 / 竣工 2002 年

西安美术学院主楼与图书馆
设计 1992 年 / 竣工 1994 年

大慈恩寺、玄奘三藏法师纪念院及大雁塔南广场
设计，1993 年规划，1995 年纪念院，2000 年南广场 / 竣工 2001 年

西安钟鼓楼广场及地下工程
设计 1995 年 / 竣工 1998 年

陕西省图书馆，美术馆
设计 1995 年 / 竣工 2001 年

西安城运村体育馆
设计 1997 年 / 竣工 1999 年

杨凌国际会展中心
设计 1998 年 / 竣工 2000 年

西安曲江宾馆
设计 1999 年 / 竣工 2000 年

群贤庄
设计 1999 年 / 竣工 2002 年

西安博物院
设计 2000 年 / 竣工 2008 年

西安咸阳国际机场航站楼二期（T2、T3）
设计 2000 年 / 竣工 2012 年

西安交通大学教学主楼
设计 2001 年 / 竣工 2006 年

黄帝陵祭祀大殿（院）
设计 2002 年 / 竣工 2004 年

中国延安干部学院
设计 2002 年 / 竣工 2005 年

西北大学南校区
设计 2002 年 / 竣工 2010 年

四川大学江安校区艺术学院
设计 2003 年 / 竣工 2005 年

大唐芙蓉园
设计 2003 年 / 竣工 2005 年

川陕革命根据地纪念馆
设计 2005 年 / 竣工 2007 年

宁夏回族自治区党委办公新区
设计 2005 年 / 竣工 2009 年

西安市浐灞生态区行政中心
设计 2005 年 / 竣工 2008 年（一期）

延安革命纪念馆
设计 2006 年 / 竣工 2009 年

西安市行政中心

设计 2007 年 / 竣工 2010 年

中国佛学院教育学院

设计 2008 年 / 竣工 2011 年

唐大明宫丹凤门遗址博物馆

设计 2009 年 / 竣工 2010 年

须弥山博物馆

设计 2009 年 / 竣工 2011 年

鄂尔多斯青铜器博物馆

设计 2009 年 / 竣工 2018 年

2011 西安世界园艺博览会天人长安塔

设计 2010 年 / 竣工 2011 年

西安绿地中心

合作设计，2010 年 A 座，2014 年 B 座 / 竣工，2016 年 A 座，2018 年 B 座

贾平凹文化艺术馆
设计 2011 年 / 竣工 2014 年

咸阳博物院
设计 2011 年 / 竣工 2020 年

西安大华纱厂厂房及生产辅助房改造工程
合作设计 2011 年 / 竣工 2014 年

华清宫文化广场
设计 2012 年 / 竣工 2013 年

北京大学光华管理学院
设计 2012 年 / 竣工 2014 年

西安南门广场综合提升改造项目
设计 2012 年 / 竣工 2014 年

延安鲁迅艺术革命艺术家博物院
设计 2012 年 / 竣工 2016 年

西北妇女儿童医院
设计 2012 年 / 竣工 2015 年

欧亚经济论坛三期酒店

合作设计 2013 年 / 竣工 2017 年

迈科商业中心

合作设计 2013 年 / 竣工 2018 年

延安大剧院

设计 2014 年 / 竣工 2016 年

西安电子科技大学体育馆

设计 2014 年 / 竣工 2017 年

西安火车站改扩建工程

设计 2014 年 / 竣工 2022 年

安康大剧院

设计 2015 年 / 竣工 2019 年

大西安新中心能源金融贸易区起步区一期

合作设计 2016 年 / 竣工 2020 年

孟子研究院
设计 2016 年 / 竣工 2022 年

西安幸福林带
设计 2016 年 / 竣工 2021 年

鲁甸县抗震纪念馆及地震遗址公园
设计 2016 年 / 竣工 2021 年

中央礼品文物管理中心
设计 2018 年 / 竣工 2021 年

中国大运河博物馆
设计 2019 年 / 竣工 2021 年

西安国际港务区中轴生态公园一期项目
设计 2019 年 / 竣工 2021 年

西安文化交流中心（长安乐）
设计 2020 年 / 竣工 2022 年

西安城市展示中心（长安云）
设计 2020 年 / 竣工 2022 年

70 年建筑设计主要获奖项目

SIGNIFICANT AWARDS IN 70 YEARS

主要获奖项目		
全国优秀工程勘察设计奖		
1	国家图书馆	金奖
2	3262 长波发射台	金奖
3	群贤庄	金奖
4	黄帝陵祭祀大殿（院）	金奖
5	杨凌国际会展中心	银奖
6	大唐芙蓉园	银奖
7	西安市浐灞生态区行政中心	银奖
8	陕西历史博物馆	铜奖
9	陕西省图书馆	铜奖
10	大慈恩寺、玄奘三藏法师纪念院	铜奖
中国建筑学会新中国成立 60 年建筑创作大奖		
1	西安人民大厦及其改扩建工程	
2	陕西历史博物馆	
3	国家图书馆	
4	大雁塔风景区"三唐工程"	
5	黄帝陵祭祀大殿（院）	
6	大唐芙蓉园	
7	中国延安干部学院	
8	宁夏回族自治区党委办公新区	
9	法门寺工程	
10	川陕革命根据地纪念馆	
11	四川大学江安校区艺术学院	
12	群贤庄	
新中国成立 60 年建筑创作大奖入围奖		
1	西安钟鼓楼广场及地下工程	
2	陕西省建筑工程局办公大楼	
3	西安市博物院	
4	西安市浐灞生态区行政中心	
5	西安人民剧院	
6	陕西省图书馆·美术馆	
7	钟楼邮局	
新中国成立 60 年百项重大精典建设工程		
1	陕西历史博物馆	
2	延安干部学院	
3	延安革命纪念馆	

中国建筑学会建筑创作大奖 (2009—2019 年)		
1	延安革命纪念馆	
2	唐大明宫丹凤门遗址博物馆	
3	西安市行政中心	
4	2011 西安世界园艺博览会天人长安塔	
5	中国佛学院教育学院	
6	延安大剧院	
全国勘察设计行业新中国成立 70 周年优秀勘察设计项目		
1	大雁塔风景区"三唐工程"	
2	陕西历史博物馆	
3	黄帝陵祭祀大殿（院）	
4	大唐芙蓉园	
5	西安浐灞生态区行政中心	
6	天人长安塔	
中国 20 世纪建筑遗产名录		
1	陕西历史博物馆	首批
2	西安人民大厦	
3	西安人民剧院	
4	三唐工程	第二批
5	阿倍仲麻吕纪念碑、青龙寺空海纪念碑院	
6	敦煌国际大酒店	
7	西安钟楼广场及地下工程	第四批
8	陕西省建筑工程局办公楼	
9	国家 156 项目西安工业建筑群、华山厂办公楼、东方厂 E 字楼、115 厂苏联专家楼动力热力（车间）系统等	
10	西安邮政局大楼	
11	西安仪表厂	第五批
12	中国科学院陕西天文台	
13	西安第四军医大学历史建筑群	
陕西省近现代保护建筑		
1	西安人民剧院	
2	陕建集团办公楼	
3	大地原点	
4	西安交通大学主楼群	
5	西安邮政局大楼	
6	西安和平电影院	
7	西安人民大厦	

70 年建筑创作大事记

IMPORTANT EVENTS IN 70 YEARS OF ARCHITECTURAL CREATION

1952 年 6 月	西安地区公营五一建筑公司、西北建筑公司、人民建筑公司、中国建筑公司和西北新华石棉建筑器材股份有限公司的设计部门，合并成立西北建筑设计公司筹备处，正式对外办公。设计公司隶属西北建筑工程总管理处筹备处领导，办公地址在西安市尚德路 151 号。
1954 年 9 月	西北院举办西北地区第一次建筑设计技术革新、技术革命成果展览。
1955—1956 年	华东设计公司先后两批共抽调 147 人来西北院。
1956 年 1—2 月	苏联专家日列兹雅克和格里申两人来院任技术指导。在苏联援建 156 项工程中，西北院独立完成和参与完成 12 项。
1958 年 4 月	建筑工程部决定将建筑陶瓷工艺、砖瓦工艺设计业务归口西北院承担，并从北京管庄建筑材料工业设计院调 27 名设计人员到西北院工作。
1958 年 4 月	受建筑工程部委托，西北院主办全国抗震、大孔土设计经验交流会，会上交流 32 篇论文，西北院在大会上交流论文 12 篇。
1959 年 3 月	在总结群众性技术革命运动中，院党委提出"五化""六新"（设计标准化、构件定型化、计算图表化、制图装配化、资料手册化和新材料、新工艺、新设备、新理论、新技术、新设计）号召，要求深入技术革命。
1973 年 12 月	院党委召开专门会议，研究援助圭亚那砖瓦厂的设计任务，动员参加该工程设计的三室、五室全体职工，竭尽全力，团结一致，保证优质、按期完成任务，打响援助拉丁美洲第一炮。

1976 年 8 月	唐山大地震后，西北院派出刘大海、倪大增、裴文瑾三位建筑抗震专家赴唐山现场调查震害情况，收集第一手资料，拍摄照片，写出调查报告。
1976 年 12 月	洪青、杨家闻、张锦秋参加毛主席纪念堂设计。
1980 年 2 月	曹希曾参加 1980 年日本"国家住宅设计竞赛"，其方案获佳作奖。这是改革开放以来中国建筑师首次在国际上获奖。
1980 年 8 月	经意大利、瑞士等国著名建筑师组成的国际建筑师评判团评选，西北院洪青等人设计的临潼华清池宾馆和华冠球等人设计的西安交大点式住宅获国际居住建筑银质奖，设计方案被收入《国际居住建筑图集》。
1981 年 12 月	西北院设计的喀麦隆文化宫竣工验收。该工程被誉为"雅温得的一颗明珠"，喀麦隆总统阿希乔给予很高评价。
1982 年 4 月	西北院承担重建唐山市的工程设计任务，经过两年多时间的努力，共完成 10 个居住小区设计，30 项单项工程设计。
1987 年 8 月	由西北院和建设部建筑设计院共同承担设计的北京国家图书馆建成。该馆建成后被评为首都 20 世纪 80 年代十大建筑之首。
1988 年 11 月	由西北院设计的著名佛教活动场所——法门寺的修复和扩建完工，对外开放。

1989 年 9 月	陕西省 20 世纪 80 年代十大建筑评选揭晓，西北院设计的陕西省体育馆、省政府统建大楼、陕西广播电视塔、西安火车站、唐城宾馆和法门寺 6 项工程入选。
1990 年 10 月	张锦秋荣获全国建筑设计大师称号。
1991 年 4 月	张锦秋应新日本建筑家协会邀请赴日参加"东方建筑的昔与今"学术交流会。在会上，张锦秋作了题为《传统空间意识之今用》的演讲报告，受到与会专家好评。
1991 年 6 月	西北院设计的陕西历史博物馆隆重举行开馆典礼。
1994 年 6 月	张锦秋当选为中国工程院院士。
1994 年 7 月	西北院设计的国家重点工程——中国科学院兰州冰川冻土研究所冻土工程低温实验室通过国家计委和中科院两次验收。
1994 年 12 月	黄克武荣获全国建筑设计大师称号。
1996 年 9 月	张锦秋院士赴法参加建设部组织的"中国传统建筑文化及当代建筑展览"活动。
1999 年 6 月	世界建筑师大会在京召开，中央电视台播放张锦秋院士的专题片。
1999 年 8 月	张锦秋院士主持设计的陕西历史博物馆、西安钟鼓楼广场及地下工程、"三唐工程"荣获国际建筑师协会 20 届大会艺术创作成就奖。
2001 年 10 月	由西安市民和专家学者评出的新长安八景，西北院设计的建筑占了其中 5 景。
2003 年 4 月	黄帝陵基金会授予西北院"为整修黄帝陵工程捐资荣誉证书"，并在捐献基金"功德碑"上勒石记名。
2003 年 8 月	中国延安干部学院工程座谈会和开工奠基仪式在延安隆重举行，该工程由西北院设计。
2005 年 4 月	中央电视台《大家》栏目专访组在西北院对建筑设计大师张锦秋院士进行专访，并在 6 月 5 日播出。
2006 年 4 月	由中国建筑学会主办、西北院承办的"黄帝陵轩辕庙祭祀大殿建筑创作座谈会"在西安国际会议中心曲江宾馆举行。
2006 年 8 月	西北院设计的北京图书馆、陕西历史博物馆、黄帝陵轩辕庙祭祀大殿（院）工程、大唐芙蓉园被评为"中国建筑经典工程"。
2006 年 10 月	西北院在大唐芙蓉园隆重举办张锦秋院士在陕从事建筑创作 40 年座谈会暨"长安意匠"丛书《大唐芙蓉园》首发式。
2006 年 10 月	第十二届亚洲建筑师大会在北京召开。张锦秋院士作为中国地区的主讲人，作了《和谐建筑之探索》的主题报告，赵元超作了《城市中背景建筑的创作》的学术报告。

2007 年 5 月	西北院设计的西安博物院建成并投入使用，该工程被评为西安未来十大标志性建筑之一。
2007 年 6 月	西北院 20 世纪五六十年代设计的西安人民大厦、西安市钟楼邮局、西安交通大学主楼群、人民剧院、和平电影院和陕西省建筑工程局办公楼等工程被列为西安市政府文物保护单位。
2009 年 8 月	西北院设计的延安革命纪念馆新馆正式向观众开放。
2009 年 10 月	西北院设计的黄帝陵祭祀大殿工程获中国建筑学会新中国成立 60 周年建筑设计大奖。
2010 年 5 月	中国建筑学会 2010 年学术年会暨新中国成立 60 周年建筑创作大奖颁奖典礼在沪举行。西北院 12 个项目喜获"中国建筑学会新中国成立 60 周年建筑创作大奖"。
2010 年 10 月	何梁何利基金 2010 年度颁奖大会在北京钓鱼台国宾馆隆重举行，张锦秋院士荣获 2010 年"何梁何利基金科学与技术成就奖"。
2011 年 5 月	在陕西省科学技术大会上，张锦秋院士被授予 2010 年度陕西省科学技术最高成就奖。
2011 年 9 月	日本东京举办第 24 届世界建筑师大会，西北院受中国建筑学会邀请，参加在东京国际会议中心以"设计 2050"为题的建筑作品展览，受到国际建筑师协会和参观者的赞赏。

2012 年 8 月	中国建筑学会当代中国建筑设计百家名院和当代中国百名建筑师被公布，西北院获评为当代中国建筑设计百家名院，张锦秋、赵元超获评为当代中国百名建筑师。
2014 年 8 月	第 25 届世界建筑师大会在南非召开。在同期举行的建筑作品展中，西北院设计的丹凤门、长安塔和须弥山博物馆 3 个作品入选参展。
2014 年 9 月	中国勘察设计协会传统建筑分会成立大会在北京召开，张锦秋院士受邀担任传统建筑分会名誉会长。
2015 年 5 月	"张锦秋星"命名仪式暨"承继与创新"学术报告会在大明宫丹凤门举行。
2016 年 4 月	首届陕西省工程勘察设计大师称号授予仪式在陕西省政府黄楼会议室举行，赵元超、安军、曾凡生、周敏分别获此殊荣。
2016 年 9 月	"张锦秋院士建筑作品展"在陕西历史博物馆开幕。
2016 年 9 月	首批中国 20 世纪建筑遗产名录公布，西北院有 4 个项目入选。截至 2016 年 9 月，西北院共有 13 个项目入选中国 20 世纪建筑遗产名录。
2016 年 10 月	延安大剧院建成并成功举办第十一届中国艺术节开幕式。
2016 年 12 月	赵元超当选全国工程勘察设计大师。
2016 年	西北院获陕西省政府质量奖，率先成为中国勘察设计领域荣获省级政府质量奖的设计单位。

2017 年 5 月	住房与城乡建设部发布了全过程工程咨询的 8 个试点地区，40 个试点企业，西北院是西北地区唯一一家被认定为首批全过程工程咨询试点单位。
2017 年 10 月	熊中元做客 CCTV《影响力人物》，与央视著名主持人水均益对话。
2017 年 12 月	张锦秋院士作为国家宝藏守护人参加央视播出的《国家宝藏》。
2018 年 3 月	第二届陕西省工程勘察设计大师称号授予活动在西安举行，屈培青、吴琨分别获此殊荣。
2018 年 11 月	中国勘察设计协会传统建筑分会第二届会员代表大会暨第四届传统建筑文化传承创新高峰论坛在西安举行，西北院被推选为中国勘察设计协会传统建筑分会会长单位。
2019 年 3 月	中国建筑学会 2017—2018 年度建筑设计奖获奖名单发布，高萌获中国建筑学会青年建筑师奖。在此之前，李敏、王军、刘斌、秦峰、高朝君、韩耀、王力分别获此殊荣。
2019 年 12 月	中国建筑学会建筑创作大奖 (2009—2019) 颁奖典礼暨大师设计论坛在广州举行。西北院 6 个项目喜获"中国建筑学会建筑创作大奖 (2009—2019)"。
2020 年 1 月	西北院接到西安市公共卫生中心项目的紧急设计任务，要求在 7 天时间完成 27 000 m² 、500 多张床位集中收治医院项目的论证、选址及全部设计工作，确保项目在 2 月 3 日开始施工，2 月中旬投入使用。
2020 年 11 月	《张锦秋传：路上的风景》新书发布会在北京中建紫竹酒店举行。
2021 年 6 月	西北院设计的大运河国家文化公园建设标志性项目、国家级特大型综合类博物馆——扬州中国大运河博物馆正式建成开放。
2021 年 7 月	西北院设计的全球最大的地下空间综合利用工程，全国最大的城市林带工程——幸福林带项目投入使用。
2021 年 7 月	由西北院设计的中央礼品文物管理中心成功举办"党和国家领导人外交活动礼品展"。
2021 年 7 月	中央广播电视总台大型纪录片《大国建造》在央视播出，西安大唐芙蓉园和延安大剧院两项作品出现在节目中。
2021 年 9 月	第十四届全运会于西安开幕。西北院设计的多项场馆建成使用。长安系列建筑群完美呈现，共同铸就了全运新城的优美画卷。
2021 年 10 月	"大国建造耀香江"系列活动在香港举行。"大国建造·筑梦未来"校园报告会收官之站走进香港中文大学，赵元超作《从人文建筑到山水城市》主题报告。
2022 年 3 月	西北院院史馆、院士馆开工建设。
2022 年 4 月	陕西考古博物馆、陕西省图书馆新馆正式建成开放。

后记

　　2022 年，是中建西北院成立经过一个甲子后的第一个十年。《中国建筑西北设计研究院建筑作品集 1952—2022》的编著，既是对机构成长历程的回眸、承继、品读和延续，亦是对各发展阶段取得成果的梳理、总结和思考。

　　在中国城乡现代化的进程中，西部、特别是像西安这样的历史文化名城的发展建设，承载并面对着深远、重大、复杂和多重的含义、责任、挑战。中建西北院始终坚持对中华文化的传承、创新，响应国家"一带一路"倡议，以作品为根基推动"中国设计"不断发展。作为西北地区建筑设计行业的"领头羊"，中建西北院系统思考、整体谋划，多年来提升城市品质，为人民生活谋幸福。一代代建筑师薪火相传，留下了众多传世作品。一个设计院的发展历史和档案也反映出共和国的发展和征程，见证了几代人的艰辛努力。

　　本书收录的作品多为中建西北院各个时期的代表作品，但鉴于时间仓促、项目繁多、资料难寻、篇幅有限等原因，很多作品难免被遗漏，错误之处也在所难免，还望各界专家、学者斧正。本书编辑的作品，除指明外，还有合作单位。但因情况复杂，未能一一列出。摄影者有成社、陈溯、杨超英、王东等，但因人数过多，未能全部列出，望作者海涵。

赵元超

全国工程勘察设计大师、中国建筑西北设计研究院总建筑师

2022 年 4 月 10 日